茶味 初见

茶汤中的
二十四节气

修订版

静清和

——

著

九州出版社

JIUZHOUPRESS

图书在版编目（CIP）数据

茶味初见／静清和著. —北京：九州出版社，
2014.2（2019.6重印）

ISBN 978-7-5108-2654-2

Ⅰ.①茶… Ⅱ.①静… Ⅲ.①茶叶—文化—文集
Ⅳ.①TS971-53

中国版本图书馆CIP数据核字（2014）第027530号

茶味初见

作　　者	静清和　著	
出版发行	九州出版社	
地　　址	北京市西城区阜外大街甲35号（100037）	
发行电话	（010）68992190/3/5/6	
网　　址	www.jiuzhoupress.com	
电子信箱	jiuzhou@jiuzhoupress.com	
印　　刷	天津市豪迈印务有限公司	
开　　本	870毫米×1280毫米　16开	
印　　张	28	
字　　数	350千字	
版　　次	2014年4月第1版	
印　　次	2019年6月第7次印刷	
书　　号	ISBN 978-7-5108-2654-2	
定　　价	68.00元	

《茶味初见》一书，原是数年前，沿袭二十四节气品茶与茶山观察的随笔。我不是作家，也不是文人，当初写下这些文字，留下那些图片，纯属随心所欲，尽在一个好玩。后经善伟兄推荐，得以结集出版。虽瑕疵重重，承蒙读者不嫌，于此我还是有些诚惶诚恐。

时光荏苒。幸在五年后的今天，《茶味初见》又要再版，我才有机会努力做些补赎。尽管到今天为止，我仍然不谙摄影。奈何天生鲁钝，唯有靠勤补拙。借此删减了许多时过境迁的轻薄之言，补充了很多必要的别茶经验与习茶常识，增加了当初未能出版的24个章节，同时对过去不满意的图片，也进行了有针对性的大幅更换。如此，新书从图片到文字，也算是焕然一新了。再读，便似啖蔗从梢。

为修订此书，我从草木萌动，改到荼蘼花开；从己亥年的雨水，一直忙碌到立夏。时光真禁不起用，一晃就是三个多月。夙夜所为，得毋抱惭于衾影。吾生也有涯，而知也无涯。花费如此多的心血，去修订一本曾出版过的畅销茶书，为的就是一个心安，使逻辑更加严谨，让观点臻于完善。反思自己兢兢业业所做的一切，若是无法启迪后人也就罢了，但至少不能因知见不正而误导他人，否则，不仅有辱斯文，而且罪过着实不小。

明代徐光启《农书·天时之宜篇》云："万物因时受气，因气发生。时至气至，生理因之。"人与茶，亦复如是，与天地相感，与日月相应。四时阴阳之气，生长化收藏，故有草木暄妍，露浓花瘦，秋去春来，生生不息。《茶味初见》一书，谨遵四时之序，以春为始，以冬为终。自二十四节气的立春开篇，写至大寒；从早春的茶芽脱壳，写到寒冬里茶树的花果相遇；立体呈现着不同节气里茶山的独特风景。在不同的季节中，在各异的物候里，在四时的光影里，应该怎样顺时应季地去健康喝茶？由此理顺了与《茶席窥美》《茶路无尽》《茶与茶器》《茶与健康》的知识连贯性，使之成为一个可以相互解读、相互参照的完整的知识体系。

《茶味初见》是我写于不惑之年的首部著作，其中渗透着那个年龄对茶超乎寻常的热爱与思考。尽管有些思考不见得成熟和理性，但是，我在修订中，还是刻意保留了一些片断，那毕竟是我成长的一段真实记录，也是曾经走过的一段心路历程，其中包含着我的所读、所言、所思、所历。期间有迷茫、有坚持、有欣喜、有蜕变，希望这些无足轻重的体会，能对习茶者有所启迪，以之为鉴，可以少走一些弯路。这些体会和思考，就像早秋树上缀满的果实，其滋味的青涩，不妨碍视野中的风景如画。春华秋实，各蕴其美，却各有各的况味。

茶饮之乐，在于知微见著，在于五味调和。茶味"初见"时，是蒋捷的"少年听雨歌楼上，红烛昏罗帐"。再见"茶味"，却是"而今听雨僧庐下，鬓已星星也"。光阴蹉跎经年，茶汤里添了许多人生照见，多了如许人生滋味，不知是喜是悲？悲喜相依，苦甘并存，是人生初见，也是茶味再现。

芒鞋踏破茶山，渺渺前世因缘，一生清福，尽在茗碗炉烟。虽半生碌碌，犹不言悔。世间浮华厚味，难敌有味清欢。

静清和
写于己亥年立夏

目　录

立春

迎春正启流霞席
九曲红畔梅花开
不在梅边在茶边
春端细说茶究竟

迎春正启流霞席

俗话说："春打六九头。"今天是六九的第一天，也迎来了二十四节气中的首个节气——立春。春天到了，便觉眼前生意满。从此后，熏梅染柳，万象更新。

立春后的寒气依然刺骨，茶室内却温暖如春。黝黑的梅瓶里，清供一枝洁白的山茶花，娇姿绰约，香清似煮茶。花香里氤氲着淡淡的茶意，清幽的香气勾出了我的茶瘾。于是，便从茶柜里找出一红一绿两款象征江南春早的茶，次第瀹泡，以迎接这个春天的姗姗来迟，也算是"咬春"了。

我模仿着宋人的风雅，炉煎渭水。用斗笠型的油滴老盏，碗泡去年清明的西湖龙井。绿茶历经一年的沉寂，杀青、干燥的火味浮气，已踪影全消。水经三沸，悬壶低冲，婉转浮沉在水中的茶芽，娉娉婷婷，肥茁绿黄。茶香入口，低沉细幽。相比往昔，茶汤更加的温润甜滑。的确如清代陆次云所记：龙井真者，"甘香如兰，幽而不冽，啜之淡然，看似无味，而饮后感太和之气弥漫齿颊之间，此无味之味，乃至味也。"

好茶，经得起回味。在口齿噙香中，我对很多人困惑的"无味之味"，当下便豁然开朗。陆次云看似无味的"味"，是指嗅觉能捕捉到的，在杀青干燥过程中产生的燥气、浮香及火味。而无味之味的"味"，则是指茶的真香、真味沉郁入水，与水相融。我们依靠口腔能感觉到的，是隐含在茶汤里、缠绵芬芳的豆花香或兰花香。那种敏锐触动着味蕾而产生的愉悦舒畅，以及含蓄内敛的清雅气韵，就是"此无味之味"，方为至味了。

健康的饮茶方式，一定是要关注自身的阴阳平衡、寒温相宜，用茶去发散人生中的不平之气，去平衡饮食带给身体的过多热量。寒则热之。几盏清寒的绿茶饮尽，如果再饮，就要选择稍偏温和的茶类，以保持身体的阴平阳秘。食饮有节，法于阴阳，调于四时，病从安来？喝茶利于健康，也要学会健康喝茶。

我用龙泉梅子青盖碗，冲泡同样产于西湖之畔的九曲红梅，以红茶的甘醇，去缓和绿茶饮过的清寒。缓慢注水，温润慢泡。影青的玉兰花口杯里盛着茶汤，愈显出九曲红梅的红汤金圈、灿若霞蔚。

如果碗中的西湖龙井，像苏堤的柳翠依依，那么，盏里的九曲红梅，一定是白堤的桃之夭夭。两茶一体而同源，皆为春物荣。二者于此相依相望，却都是西湖烟雨中的最深最浓春色。

红茶味甘叶瘦，绿茶清寒芽肥。绿肥红瘦相遇在当下，便有了倚

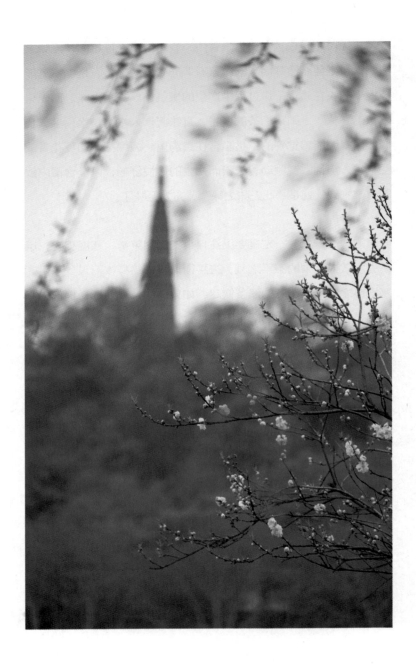

红偎翠的诗意，清美得令人遐想不已。饮过九曲红梅的心旷神怡，与西湖龙井啜过后的清爽快意，其茶意茶境，犹如《红楼梦》中大观园的"怡红快绿"。娇红的海棠，新绿的芭蕉，都是茶席上不可或缺的清雅。"绿蜡春犹卷，红妆夜未眠。""对立东风里，主人应解怜。"饮罢读毕，茶韵诗意，活色生香，妙不可言。

立春之日，"瓦铫煮春雪，淡香生古瓷。"瀹红饮绿，茶已喝透，气机通达，腹背暖暖。席间山茶的冷艳，遮不住"碗转曲尘花"的春意翩然。瓦铫煮沸了春雪，炉火正旺。袅袅茶烟中，我流连顾盼古瓷盏里茶汤的温软、馨香挂杯的持久不散。

九曲红畔梅花开

茶本苦寒，其性精清，其味浩洁。它与高标逸韵的梅花，都是有品格的，可互为知音。二者共同的清香淡洁、韵高致静，都是在历经霜雪苦寒后，孕育而成的。

在诸多茶中，冲泡时芽叶舒展似梅花朵朵，又能散发出梅花清香的，当属西子湖畔的九曲红梅了。梅占茶，是因茗花盛开时，花瓣似腊梅而得名，巧占了"梅占百花魁"的雅号。梅占的茶青，在不同的工艺条件下，可制成白茶、岩茶、白琳工夫红茶及白毛猴绿茶，基本上都偏兰香，冠梅之名却乏梅香，名难副实。除了武夷岩茶中的水金龟，茶香似梅花，近年我做的一款老白茶，竟也奇迹般地泡出了难得的梅花滋味。因梅花香气清冷的近乎苦杏仁的味道，故又名"杏仁香"。

九曲红梅，简称"九曲红"。色红香清如梅，产于杭州市郊的湖埠、仁桥、大坞山周边，尤以湖埠大湖山的品质最佳。九曲之名，源于武夷山的九曲溪。相传在太平天国时期，九曲溪附近的部分农民为避战乱，北迁至杭州灵山一带，为谋生计，便把闽北的红茶工艺带到了浙北，始有九曲红的香满天下。这符合红茶技术的对外传播路线。

立春后的天气，雨晴不定，乍暖还寒。找了个清闲的日子，与清如诸友雅聚。清如琴抚《梅花》，我用老铁壶煮水，紫砂壶瀹泡陈年的九曲红梅。

清供的蜡梅娇黄，恰恰半开。花可香我，胜过焚沉。《梅花》清越，茶烟轻扬。九曲红梅味厚，如蜜糖甜。两水后，汤中隐现苹果花香。四水伊始，汤香近似幽兰。八水过后，味尽淡然。我低斟浅啜，仔细辨别，始终没有品出茶汤里应有的梅花香气。到底是蜡梅花开的清冽，干扰了味蕾，还是琴弦的清婉，影响了判断？一时说不清楚。难道此情此景，也巧合了古人的诗意？"懊恨幽兰强主张，花开不与我商量。鼻端触著成消受，着意寻香又不香。"

有求莫若无求好，人到无求品自高。曾子云："求于人者畏于人。"顺其自然，心无增减。无所求，并非不思进取；不求的，是与自身生命质量无关的东西。有也不多，无也不少。少点欲求，便少了许多纠结与焦虑。人生的刻意攀缘，往往会事与愿违。

九曲红梅，是西子湖畔的百年红茶。曾经客居西泠的柳如是喜欢芥茶，品过龙井，这是毫无疑问的。她在寒食节里，写下"桃花

得气美人中"时，是否也饮过此茶？

一壶九曲红梅，茶芽在水中润开。枣红的叶张舒展，形若孤山的梅花开放。四溢的茶香，又恍如梅花的芬芳萦绕。令人惋惜的是，在宋代还没有红茶，否则，隐于孤山、葬于孤山、梅妻鹤子的林和靖，会是多么爱煞这一盏！

春寒料峭里，动人的春色不多，满眼里还是枯索静寂的萧瑟。在一盏九曲红梅的淡淡茶香里，我嗅出了钱塘水光山色中的春深春浅。春到人间草木知。不知苏堤的柳烟、白堤的碧桃、满觉陇的桂树、狮峰山的御茶，是否已经萌发？

不在梅边在茶边

《红楼梦》洋洋洒洒，笔墨万千，满纸里透着茶香。一个气质美如兰的妙玉，演绎着"栊翠庵茶品梅花雪"的清绝茶梦。栊翠庵中，又是妙玉的十数株如胭脂一般的红梅，映着雪色，寒香拂鼻，惹得宝玉踏雪寻梅，"寻春问腊到蓬莱"，"衣上犹沾佛院苔"。琉璃世界里，白雪、红梅、香茶、佳人的机缘巧合，让我寻章摘句，也不能写尽其中的冷艳孤高，唯留满口余香。

能把茶香、禅味、白雪和蜡梅，慧心妙手烹在一处的茶还真有，名字叫作素梅。今年寒露，我在陆羽著《茶经》的浙江长兴有幸品过。素梅茶是在落雪天里，采摘寿圣寺的素心腊梅，把头春的安吉白茶与吐着幽香的半开蜡梅，隔层叠放在一起，经多道手工精心窨制，等安吉白茶吸足了素心蜡梅的馨香，烘干后始成。钱群英老师赠我的素梅，而今尚余一泡。静待好天气，与有缘人分享这一抹清香。

雪晴的午后，玉壶春瓶里清供着梅花。我沐手焚香，读南怀瑾注的《金刚经》偈颂："默然无语是真闻，情到无心意已熏。撒手大千无一物，莫凭世味论功勋。"好书好文亦如好茶，能安抚平静人的内心。

在室内坐久了，背凉脚寒。起炭煎水，炉火自红，瀹泡五十年代的台湾乌龙。老茶惜饮，选用80ml的朱泥梨形小壶。甫一出汤，茶烟缭绕，参香回荡，陈韵悦人。

会喝茶，有好茶喝，是一种清福。喜欢茶，能遇到老茶，是修来的福报。过去我独饮此茶时，恰逢茶友来访，便会多分一盏，饮毕茶友连声道谢。知己难求。茶本是清饮之物，要与懂它的人分享，才能物尽其用。好茶碰到的就是缘，有缘的，来的总是不早也不晚。不同季节气象里的同一杯茶，气韵和滋味会不尽相同。每一次难得的茶聚，都是一期一会，理当且饮且珍惜。

啜茶回味间，鼻端梅香浮动，清凉悠然。老茶喉韵深长，口齿间老茶特有的沉香、参香、木香，浓淡忽见。茶室内，老山檀的丝丝青烟，弥散渐远。清时独坐绕滋味。一杯茶中，能够忙里偷闲，香中缠绵。由此可见，只要素淡心简，幸福距离我们并不遥远。

早春的时光，我最牵念南京梅花山的一树树花开。只要能够脱身，每年我都会去山中赏梅。明孝陵的周边，到处皆诗境，随处有物华。不单单是梅花，金陵翠绿的雨花茶，同样能让人乐不思蜀。

幽人心似梅花清，梅花亦作如是说。我常常在遐想，如能在梅花含苞的晓日轻烟、黄昏雪夜，膝上横琴，林间吹笛，扫林间竹叶，煎绿萼梅上新落的雪水，沾其幽微冷韵，清闲地泡上一盏与它相应契合的茶，且有一二知己共品，该是何等的意趣盎然！

春端细说茶究竟

日常生活中，我们常提到品茗与喝茶，细究起来，"茗"与"茶"的差别，还是挺大的。

陆羽《茶经》引用晋代郭璞《尔雅注》云："树小似栀子，冬生叶，可煮羹饮，今呼早取为茶，晚取为茗，或一曰荈，蜀人名之苦茶。"古时的喝茶方式，是把茶叶煮饮或作羹饮，尤其是唐代以后，其饮茶方式，还是受到了国家法定药典《唐本草》及孟诜《食疗本草》的指导与深刻影响。郭璞的"早取"，是指春来茶芽萌发之前，上年凌冬而生的成熟且柔韧的叶片，故曰"早取为茶"。从我们今天喝茶的实践可知，较成熟叶片的咖啡碱含量，要比芽茶的含量低，故甜润而不苦涩，更适合煮饮。"茗"，古时通"萌"。《说文解字》："萌，草木芽也，从草明声。""芽，萌也，从草牙声。"因此，立春以后，茶树新萌生的茶芽，方可称之为茗，它比冬生叶晚采，故曰"晚取为茗"。《魏王花木志》也说："茶，叶似栀子，可煮为饮。其老叶谓之荈，嫩叶谓之茗。"

今天我们喝茶，细嫩的茶叶基本是泡着喝。较嫩的茶芽，如果煮着喝，既容易损坏茶的鲜爽，又苦涩的难以下咽。只有较粗老的茶叶，如茶梗、寿眉、粗叶，或陈化到位的年份茶，才会煮着喝，煮出的茶汤水厚且甜。较嫩的茶，如绿茶，可品可赏，故我们常常讲品茗，而不会说喝茗。唐代以前的人习惯煮茶，一方面受到了简易制茶方式的局限；另一方面，也受到了茶叶从食用到药用，又从药用到食用不同发展历程的影响。所以，那时采摘的茶比较粗老，这与古人偏重茶叶的药物疗效，也不无关系。唐代《食疗本草》说："茗叶利大肠。"初唐之后，茶叶的采摘开始趋嫩。陈藏器《本草拾遗》证实："茶是茗嫩叶，捣成饼，并得火良。"

茶之为饮，发乎神农氏，闻于鲁周公。上古的神农，踏遍三山五岳，依靠自己神力无边的水晶肚子，遍尝百草。每当他的水晶肚子变色，他就知道自己中毒了，便立即采摘茶叶咀嚼解毒。这即是后世记载的"神农氏尝百草，日遇七十二毒，得茶而解"。

相传有一天，神农吃下了开着黄花的断肠草，瞬间肠断身亡。我没法去考证，神农在中毒后是没有找到茶树，还是他故意夸大了茶的药效，关键时刻反而害了自家性命。由此看出，对于任何事物，包括茶，都需要有清醒、理性的认知与评价。

从古时生嚼鲜叶，到秦汉煮作羹饮，茶一直处于粗放朴素的食用、调味和药用阶段。"自从陆羽生人间，人间相学事春茶。"唐代以后，随着蒸青制茶法的发明，茶青的采摘，才开始专注较嫩的芽茶，饮茶方式相对明确地进入了茗饮时代。

历代中医著作普遍认为：茶性苦寒或甘寒，能够调节心、肝、脾、肺、肾五脏的生理活动。2010年，曹俊英老师写《茶亦醉人何必酒》时，曾电话里问我，茶应该如何定义才最恰当？我说，只能用"啜苦咽甘"四个字。在植物界中，唯有茶喝起来苦，回味却是甜的，这也是世人喜欢茶的主要原因。茶给予在困苦奋斗的生命一个很重要的启示：就是苦尽甘会来的。所以，茶最契合人的内心深处。

如果从金、木、水、火、土的五行生克，来分析茶的属性，对茶可能会有更深入的理解。新茶属木，脾胃属土，木能克土，因此，饮茶过量就会伤胃，不得不慎。现代生化研究也进一步证实：抗氧化性越强的食物，往往对胃肠越不友好。从这个角度来讲，在自然界中，本来就不存在养胃的茗茶。

如果不明就里，简单地把绿、黄、白、黑、红、青六大茶类，按照五行、五色、五脏的归属，生搬硬套，主观地认为某种颜色的某种茶，可以补益某一脏器，这是典型的违背传统医学的胡乱联系。首先，我们应该清楚，六大茶类的分类，不是按照其外观颜色来划分的。它是根据茶青的加工方式，视儿茶素氧化程度的高低，分为六大基本茶类的。其次，六大茶类的茶性，与各种茶的酚类物质的氧化程度无关。其寒性的强弱，主要与工艺中的干燥、焙火程度正相关。因此，不论茶叶如何制作加工，茶的寒性本质不会改变、泯灭。茶对心、肝、脾、肺、肾五经的归属，不会发生任何变化，其药效和保健作用，也不会有太大的差别。

雨水

雨水始华胭脂红
樱花红时茶饮白
玉兰花开春渐暖
春日迟迟闲啜茶

雨水始华胭脂红

读东坡的诗词，我手难释卷。无事闲诵一段："不如归去，做个闲人。对一张琴，一壶酒，一溪云。"茶亦醉人何必酒？捧一杯碧潭飘雪，暖手闻香，细品慢啜，神清气爽。碧潭飘雪茶，虽不属于传统的茉莉花茶，却极具空间美感。以杯为潭，展现出春茶一芽一叶的翠绿清影。澄碧的汤色中，飘着如雪的洁白茉莉花蕾，似碧潭飘雾，又如一竿修竹青绿枝叶上的落雪。

碧潭飘雪，是四川徐金华先生首创的。大暑左右的晴天午后，采摘含苞待放的茉莉鲜花，与高山上等的明前芽茶精工窨制而成。干茶绿中微黄，茶芽紧直匀整，布满银毫。雪白的茉莉花，朵朵散落在其间。品饮茶汤，滋味清淡，花香沁人。春尖的清爽，茉莉的香魂，久违地让人从身到心、享受着诗意与茶品的温馨。

碧潭飘雪的花与茶，并现在水中，赏心悦目，这点区别于传统的茉莉花茶。传统茉莉花茶的窨制，一般先用新鲜的玉兰花，打底调香，以增加花香的层次感与鲜灵度，然后再用新鲜的茉莉花，数遍去熏窨干燥好的绿茶。窨花的过程比较诗意，下午两点

左右，摘花取蕾，运回茶厂保养。待茉莉花猛烈吐芳的晚上，让茶美美地吸饱鲜花吐出的芬芳。等茶窨好后，从茶中筛分出花，另作他用。因此，在传统的高等级茉莉花茶中，是不允许存在花的。若是花瓣筛分不净，会增加茶汤的苦涩。

北方的雨水时令，树梢上仅萌透出一丝不易察觉的绿意。但在温暖的茶室内，我养的西府海棠树桩，却是占春颜色最风流。蕾吐胭脂，娇媚幽独。张爱玲说："人生有三恨，一恨《红楼梦》未完，二恨鲥鱼有刺，三恨海棠无香。"可见海棠在她心中的分量。我反倒觉得，《红楼梦》未完，正好给想象和回味留足了空间，算是留白吧。没有余味，何谈韵致？而海棠无香，恰恰又是海棠的特点，浅红并不妖艳，洁白而无伤感。天香国色辞脂粉，海棠美得已经足够。若再多了香，或是香得不够曼妙，都有可能近乎庸俗的。

我与晓东、玉晶诸人，海棠花下品饮去年的茉莉花茶。此茶用梅占的芽头窨制，茶中无花，松针一般挺拔的单芽，满披白毫，如银似雪。高温冲泡，水白清甜；茶汤入口，茉莉花香饱满轻灵。三水始，玉兰花的香气隐现。七水后，茶味清淡，茉莉花的气息仍存。也知造物有深意，茶共海棠花下人。

有人说，茉莉花的香气，会折了茶味，迷失了茶的本真，此论也不尽然。如从健康角度来看，茉莉花茶辛温发散，却是最适合春季品饮的茶类之一。春天是发陈的季节，肝气容易郁结，适量品

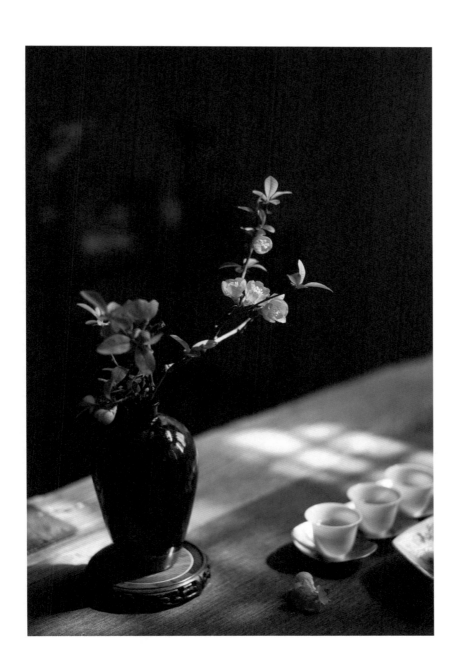

饮茉莉花茶，浓郁的花香开窍，既能祛散冬天郁积在体内的寒气，又能促进人体阳气的升发，令人身清气爽。人老肝先衰，春气通于肝。春季养生贵在养肝，调畅情志，顺应春天生发之性。故《管子》说："凡之人生也，必以其欢。"

一个人没有缺点，也不会有太多的优点。有些缺点，其本身是优点的延伸。花色淡者香，这是生物进化的结果。海棠无香，却成就了它的潇洒富贵。花茶有香，反而具足了春天的味道。完美往往是一种束缚。当我们习惯了凡事追求完美，殊不知就像茶器的窑变，其缺憾，也是一种意犹未尽的有个性的美丽。

樱花红时茶饮白

1982年的那桶政和茶厂的老贡眉，是杨军先生赠送的，我视若珍宝。马口铁桶的斑斑锈迹，娓娓诉说着老茶一路走来的风霜雪月。我撬开尘封的铁桶盖子，一股类野菊花的中草药香迎面扑来，总会忍不住贪婪地多吸几次。在这岁月所化的陈旧气息里，竟有些花香的清凉。干茶色泽已趋红褐，叶张呈不规则的碎片化，大部分为指甲盖的大小。清晰可见的芽头，银毫已经泛黄。老白茶珍贵难得，但贵不过沉甸甸的兄弟情谊。

好茶是用来品的。老茶再好，不去分享也没有任何意义。我与垂涎已久的好友约定，每次开启这桶贡眉，必须签字留念，作好记录。

今年的春天，似乎来得格外迟缓。我数次探香门前的那片樱花树林，只觉枝柯清寒，未见蓓蕾。一样花开为底迟？

期盼了许久之后，那片樱花在一个雨夜里忽然绽放，似锦嫣红，枝盈媚眼。莫负春光韶华，一场华丽的樱花茶会，在幽香淡淡的花影里酝酿。

无风的晴日，樱花树下，淡蓝色的席布，在草地上铺陈开来。红泥小火炉上，水已沸腾。茶烟缭绕中，樱花如霞，纷乱的花瓣飘落在茶席上，星星点点的粉红。我把30年陈期的政和贡眉，用斑竹茶则盛着，并小心翼翼地拨入梨形壶中，扣好壶盖，沸水淋壶。然后，重启壶盖，让老茶中可能存在的驳杂气味，受热蒸腾而散，如此就可省去洗茶的陈规。面对比较珍贵的老茶，我从内心是不舍得洗茶的。即便洗茶，又能洗去什么呢？

沸水冲瀹，茶一开汤，便是惊喜。汤色红艳如花，药香袭人，入口甜津津的绵滑。三水始，药香弥散，取而代之的是近乎秋梨的果香。五水后，延缓出汤时间，木质香与红枣香渐次呈现。白茶，曾经清颜若雪，是岁月让它褪去了青涩，是时光沧桑了它的容颜，却也公平地使它内心丰盈，在水中气质如诗、烨若春华。

茶再浓，也会喝淡。蔌蔌衣巾落樱花，淡红的花瓣，散落在影青葵口杯中，一片、两片。如斯美景，类似苏轼词中的"蹋散芳英落酒卮"。一树樱花一树雨，淡黄茶汤里的娴花照影，如惊鸿掠波，那种古典的静美，令人沉醉。把盏嚼一嚼茶汤里的花瓣，竟也清香里携着微甜，姑且叫它"樱花茶"吧！

说起樱花茶，数年前我在大连时，日本的朋友曾送我一些。据他讲述，在烂漫的三月，有心人会把盛开的樱花趁鲜采摘，立即依古法用盐浸渍后，保存起来，做成樱花茶。等泡饮时，先洗去樱花茶的盐分，再用透明的玻璃杯子沸水冲泡。一度干涩的花瓣，瞬间会在杯中花开若鲜、香气幽淡，恍若自己又徜徉于樱花树下。此时此刻，感受着樱花清雅柔美的气息，啜饮的动作，不由得会下意识放慢，真怕把口里的花瓣嚼烂。

茶会结束，意犹未尽。山樱花开如雪，花落如雨。开与落，都是瞬间的决绝。昨日茶白如雪，今夕水颜如花；挽留不住的时光，在蹉跎中嫣红了茶。春风才起雪吹香，赏红樱，一朝春尽；品白茶，似水流年。

"昨日雪如花，今日花如雪。山樱如美人，红颜易消歇。"如花美眷，岁月竟芳；茶与花境，令人唏嘘。人生许多滋味，尽在茗碗炉烟，欲说还休。

玉兰花开春渐暖

凤凰单丛，是乌龙茶家族里的高香茶。馥郁高扬的芬芳，疏肝解郁，很适合在春天里品饮。

说起凤凰单丛，早期的北方人比较陌生，它主产于广东省潮安县的凤凰山脉。凤凰山是畲族的发源地，而畲族人以种植乌龙茶闻名，其植茶历史可谓源远流长。传说南宋末年的小皇帝赵昺，南逃途经乌崇山，口渴难忍，侍从便从山上采摘茶叶，让小皇帝嚼食，茶的生津止渴功效，令赵昺精神倍爽，故赐名为"宋茶"。宋茶又叫宋种，韵味独特的宋种，代表了单丛茶的较高品质。

单丛茶的魅力暂且不说，看看这些未列全的茶名，已足以使人心向往之了。黄枝香、兰花香、杏仁香、桃仁香、桂花香、通天香、玉兰香、柚花香、姜花香、夜来香、东方红等等，令人目不暇接。涉茶不深的朋友，乍看一定会说，这哪里是茶呀！简直是"东风先遣百花开"。

为了解凤凰单丛，2007年的冬天，我第一次登上了盛产单丛茶的凤凰山。在叶汉钟和黄柏梓先生的陪同下，拜谒了凤凰山唯一一株李氏先祖选育的黄栀香宋茶。

单丛茶花香优雅，滋味浓长，尤其是在谷雨与立夏前后制作的玉兰香。晚熟的茶种，普遍醇厚鲜爽、清幽馥郁。有个女性朋友，嗜饮茶，对单丛的玉兰香，却是情有独钟。熟识后她告诉我其中的缘由。在玉兰花盛开的春天，在杭州求学的她，遭逢了一场刻骨铭心的初恋。之前的她并不爱茶，偶尔在一次茶会上，当她品到玉兰花香的单丛时，便从此不能自拔。吹兰芬馥，芳情相思；爱屋及乌，柔远能近。这哪里是在喝茶？分明是对青春的一段追忆。

雨水时令，是玉兰花开的季节。清代《佩文斋广群芳谱》记载："玉兰花九瓣，色白微碧，香味似兰，故名。"我喜欢玉兰的洁白高雅及小枝带绿的乖巧，一树树的花开，形似春笋出露，开得干净透明。冷艳孤高的花瓣张合着，依稀是花开的声音。身临其境，能让人把起起落落的思绪，跌宕在玉兰花的暗香里。

春风乍起魂飘荡，高枝朵朵情无限。干净清美的东西，容易打动人的心灵。最美的，不是春天里花开的绚丽，而是经年以后，还能被淡淡地念起。真想不到，我视之为平常的单丛茶，还能使人品出初恋的滋味。

一提到茶，我便开始心仪江南了。喜欢江南的竹楼深巷、烟雨杏花，更期待隐隐青山里的茶笋早点萌发。快惊蛰了，身未动，心已远。江南春好，妒花天气；山温水软，韶光满野。打点行装，准备深山问茶去。

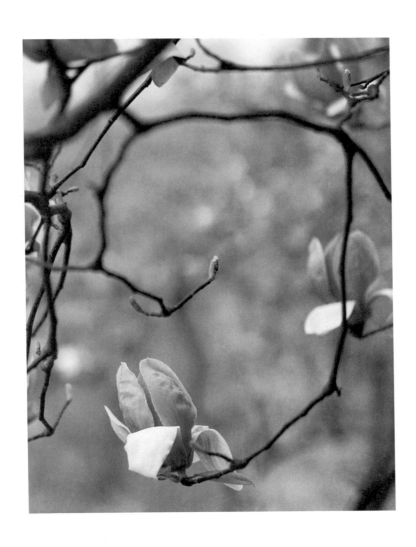

春日迟迟闲啜茶

故岁无多雪，这个冬天过得有点漫长，凝霜的心解冻得晚。再过几天，就是惊蛰了，室外仍透着清寒。

沐手焚香，布席插花，迎接素心、清如来店吃茶。用建水紫陶小壶，瀹泡我在南方存储的普洱熟茶。真没想到，历经数年的陈化，这批七级料的熟茶，好喝得让人惊喜。对冲我在济南储存的同一批次熟茶发现：北方存的茶，厚滑稍欠，但甘甜胜之。浓郁的米饭香里，多了清润的稻花香。环境温度、湿度的差异，使之各具特色。五年前，我曾寄予厚望的焦糖香气，能如期转化成甜醇的熟米饭香，从而让我坚定了做好茶、存好茶的信心。三岁看大，七岁看老。起初工粗低劣的茶，不管如何强调存放，未来不可能有太多期待。只有品质优良、汤厚水滑的茶，待青涩褪去，蝴蝶破茧，满盏皆是无边春色。

素心抚琴《双鹤听泉》，犹如置身空山，涧流清韵；鹤舞翩翩，尘嚣顿息。等清如居士再抚《石上流泉》，我开始瀹泡熟茶"兰隐"。泠泠七弦，茶香漫漫，兰隐汤厚香幽。带汤热嗅，难得的荷香淡淡。杯底花香清逸，冷后蜜香、果香兼而有之。

一款普洱熟茶，杯底少见浓郁的花蜜香与果香。从我多年行走茶山以及对数款熟茶的反复品鉴中，能够大致判断：值得存储与期待的熟茶，初期茶汤必具厚重的焦糖香气，若能呈蜜糖香，则更胜一筹。标征熟茶内质优劣与否的焦糖香气，是普洱熟茶向甜、厚、滑、醇转化的基础条件。长江以北存储的茶，香高水甜；南方存储的茶，香气稍弱，汤偏厚滑。可见，在每个地域存储的茶，在转化中都带有自己的特点。只要存储不受潮、不发霉，独具风格、变幻多样的茶，都会为我们的生活，增添多种气息与滋味。不要轻言某方不能存茶，有颗大气包容的心，是茶的造化，也是我们的清福。

茶品的是静、清和雅，琴弹的是清、静、淡、远。记得去年在赵家珍老师家里喝茶时，我曾说过：中国的传统文化，无论是琴、棋、书、画、诗、酒、茶，还是莳花、焚香，其精髓是一脉相承的。有长者之风的赵老师深以为然。

清如抚琴《石上流泉》，有板有眼，出神入化。"明月松间照，清泉石上流"的意境，让我如痴如醉。关于这首古琴曲，在茶聚时，我多次听张良杰说起过。对古琴造诣颇深的良杰曾说："初闻古琴大师詹澄秋先生的《石上流泉》时，发现其中一段所用的指法基本是虚掩，呈现的下滑音曾误以为是噪音。等他独自行走在初冬的山涧时，瞬间醍醐灌顶，恍然大悟。原来，詹先生表现的是北方的初冬时节，冷冷的寒泉从岩石的缝隙里渗出，飞溅到生满青苔的岩石上，又缓缓流下来的声音。"在詹先生的心里，抚琴已不完全是纯粹的音乐，它是对厚实人生的感悟及山水情结的表达。

古琴需要山水情怀，制茶、品茶又何尝不是呢？高山云雾出好茶。好茶也总是栖名山而居，择秀水为邻。王安石在游记中说："世之奇伟瑰怪、非常之观，常在于险远，而人之所罕至焉，故非有志者不能至也。"碧山秀水、绝佳生态、精心制作、施以工巧，才能酝酿出上等佳茗。不究茶之指归，不历经险远，也难以寻觅到健康、适口的好茶。

惊蛰

惊蛰过后茶脱壳

一树梨花一溪月

春分滇西岁知味

石头寨里罐罐茶

惊蛰过后茶脱壳

茶谚有云："万物长，惊蛰过，茶脱壳。""茶脱壳"，说的是春回大地、万物复苏后，当自然界的气温超过10℃，在山涧的茶树上，保护和孕育越冬茶芽的鳞片，便逐渐张开、剥离。当茶芽的这层保护伞完全蜕掉之后，其生长、发育便如雨后春笋，开始变得无拘无束。自此，蛰伏蓄势了一冬的春茶，便憋足了劲儿，迫不及待地、吐露着新绿。

假如时光能够穿越到宋代，我会来到武夷山，看惊蛰喊山、催茶发芽的热闹景象。有史料记载："前朝着令，每岁惊蛰日，有司为文致祭，祭毕鸣金击鼓，台上扬声同喊曰：'茶发芽'。喊山者，每当仲春惊蛰日，县官谐茶场，致祭毕，隶卒鸣金击鼓，同声喊曰：'茶发芽'。"宋人赵汝砺在《北苑别录》写道："春虫震蛰，千夫雷动，一时之盛，诚为壮观。"欧阳修《和梅公仪尝茶》诗云："溪山击鼓助雷惊，逗晓灵芽发翠茎。"

"茶发芽！茶发芽！"此时喊出的茶芽，称之为社前茶（立春后的第五个戊日祭祀土神，称为春社日，大约在春分前后）。它比

茶脱壳

珍贵的明前茶早了一个节气。社前茶，古时主要用于贡茶，像唐代的顾渚紫笋，宋代的建宁腊茶等。

夜闻击鼓满山谷，千人助叫声喊呀。传说在惊蛰这一天，茶农虔诚庄严的击鼓喊山，惊动了天庭上负责管理玉帝仙茶园的老金龟。老金龟顺着喊声，从南天门向武夷山下打望，见众人祭祀山茶，对茶树顶礼膜拜，便心生烦恼，喃喃自语道："我修行千年，仅落得在茶园除草浇水，尚不如人间的一株茶尊贵。"于是，它一气之下，纵身跳进牛栏坑的杜葛寨，化作了名丛水金龟。因此，有人说惊蛰是水金龟的生日，不无道理。

由此可知，位列武夷岩茶四大名丛的水金龟，的确是仙风道骨，出身不凡。水金龟条索紧结，色泽油润，泛着宝光。香气幽长清远，有梅花气韵。滋味甘活柔顺，是一剂味美耐品的龟灵汤。

在武夷山牛栏坑的石壁上，镌刻的"不可思议"四字，讲的本是水金龟母树的民国官司，而非肉桂。我喜欢水金龟的汤柔水滑、齿颊留芳以及天生的清高。凝望着水金龟的茶汤，我有时在想，是茶绯红了水，还是水绽放了茶？真的有些不可思议，在茶与水之间，到底谁是谁的春天？

《黄帝内经》认为：春天应"夜卧早起，广步于庭，被发缓形，以使志生"。春天阳气刚刚萌动，要学会自我放松，保持心情舒畅，以养肝气，不能像老金龟那样意气用事。惊蛰过后，应顺乎阳气升发、万物始生的特点，保持自己的精神、情志、气血，如春天般舒展畅达、生机盎然。喝茶也需顺时应势，养活一团春意思。喝好茶，少喝茶，喝淡茶，方益于身心。

春季饮茶，应首选香高的茶类，芳香醒脾，理气解郁，如凤凰单丛、品质良好的茉莉花茶等。身体虚寒者，应以普洱熟茶、正山小种红茶、焙火到位的武夷岩茶为主，以驱散沉积在体内的冬之寒气。对即将上市的绿茶，不可盲目追新。新茶寒火并重，宜存放一个月或等立夏后，待新茶寒缓火退，再喝也不迟。

在二十四节气中，惊蛰和霜降是两个颇具动感的节气，这很像我们的人生。惊蛰伊始，刚脱壳的茶芽，似呱呱落地的婴儿。春生夏长。到了霜降，一夜间，白了少年头，便平添了许多离绪别愁。冉冉岁将宴，物皆复本源。霜降后的茶开始变甜，但已是别具药效的"老茶婆"了。

一树梨花一溪月

无上清凉茶会是由云南茶人发起的、纯公益的茶事美学活动。从苦夏到清秋，由寒冬至阳春，从云南开始，轻煎流水，蔓延他方，一期一会，风雅之至。

2010年深冬，我在武夷问茶，错过了"冬养藏"的云南雅集。2011年初春，应迎新之邀，我约晨歌、素心、一鸣，飞奔云南大理的洱源县，在古木参天的梨花岛，参与了无上清凉"醉东风"的云茶会。

迎新多次和我提起过梨花岛，那可是一处有着数百年历史的世外梨园。梨花岛的背后三面环山，正南面朝向茈碧湖。进出往来梨花岛，只能依靠船只，在一汪碧水的茈碧湖里往复摆渡。茈碧湖里，不仅存有濒临绝迹的桃花水母，还有珍贵罕见的茈碧花。在这块神奇的土地上，还走出了孔雀公主杨丽萍。听迎新说，岛上世代居住的有一百多户人家，五百年以上的老梨树有数百株，等梨花盛开的时候，白云般的梨花簇拥着的岛上的村庄，活脱脱就是一个懒云窝。懒云窝，碧云深处路难寻，数椽茅屋和云赁。

梨花岛，曾是与世隔绝的世外桃源。传说元代时，西夏党项贵族的一支，在西夏王国被蒙古军队灭亡之前，悄悄安排家眷外逃，选定了这处"桃花源内可耕田"的风水宝地，埋名隐姓，以避战争之乱。

渡过茈碧湖，我走进了数百年的梨园。但见粗大的梨树，笼盖四野，枝柯交错，尽成连理。枝头的花蕾，星星点点。睹此有些失望，何处觅我席间清供的一枝梨花？我笑对晨歌说，山中清冷花开迟，我们还是来早了。不料次日，一夜春暖，风摇芳林，梨树幸得湖近水，花开半时，疏朗秀润的恰到好处。

第二天的梨花树下，"醉东风"茶会如期举行。远道无轻载。花供的彩漆铜胆瓶，是我随身带来的。茶席上的影青高足盏、玲珑梅花茶罐，是从一水间借的。煮水器、泡茶器等，是昆明的雪郦赞助的。我在邻近的断墙中，捡到一方苔痕青绿的古砖，作为壶承。从墙角的幽篁丛中，觅得竹鞭一枝，便是茶则了。近取诸身，远取诸物。在湛蓝的手织麻布上，布茶席"一树梨花一溪月"，以助清兴。

秉持澄澈的茶心，在梨花岛春日的茅棚下，我与诸友细品了三款云茶。微风过处，花香阵阵。善念起时，梨花深处醉东风。天助芳会，茶香氤氲。

"一树梨花一溪月"，诗出唐代无名氏的《杂诗》。"旧山虽在不关身，且向长安过暮春。一树梨花一溪月，不知今夜属何人。"茶熟香温，盏影梨花。醉东风，也醉了我，的确"不知今夜属何人"。

在梨花岛布席吃茶，直到月痕盈窗方散。溪月梨花，青瓷盏茶。明净清寒，空蒙优美。梨花院落溶溶月，属于今夜吃茶人。梨花月下照影，倒映溪中。梨花淡白，圆月流华，人被浸润的性情如月、魂灵似花。

关于茶席的设计，迎新问我，月在何处？我说：千江有水千江月。人在大理，茶在洱海，风花雪月，月印我心啊！其实，舀一瓢洱海的水，煮水瀹茶，苍山雪印洱海月，已融化在柔软的茶汤里了，谁又分得清苍山的千年雪水与万古的溶溶月色？梨树随风飘摇的如雪花瓣，随意驻留在溪水般的蓝色席布上，多么像湛蓝夜空中的那轮月明？

最受感动的是梨花岛的早餐。清晨，花落如雪。当我们一行七人，在梨园深处的村边散步，古道热肠的村民，主动邀我们进院吃饭，像熟识的朋友一样亲切自然。饭毕，不但拒绝收钱，还为大家每人煮了一碗刚挤的新鲜牛奶。在返回住处的蜿蜒小路上，我们踏花而行。桃花、梨花、木瓜花，暗香浮动；浓重的牛粪味道，弥漫其间。我忍不住对同行的清欢说："读书烹茶，倒是清致，然而能够真正净化心灵的，还是内心升起的那种真挚与感动。牛粪的腥臊，此刻有点亲切，这曾是远离我们生活的烟火气息。"

春分滇西岁知味

梨花岛茶会结束后，我们一行五人，随解方兄到丽江的秋月堂吃茶。解方做茶严谨，在秋月堂喝到的每一款茶，都规规矩矩，偏于柔和，如解兄所说："茶汤里，隐隐会带着丽江慢生活的味道。"丽江或许太慵懒了，让人心甘情愿地花费大把时间，把内心的柔软和情绪，浸泡在或苦或甘的茶汤里。

丽江的夜晚太闹，好像不适合暮气沉沉的我。茶足饭饱后，我们去了柳暗波萦的束河，住在古色生辉、临水而居的正福草堂。

束河幽静的晚上，月明当照，美的有些寂寥。在溶溶的月色下，远眺玉龙雪山，山顶的千秋积雪，辉映在风清月白里，让人心生清凉。夜阑更深，每个人都不忍入睡。正福草堂的竹木回廊下，我与清欢、晨歌、一鸣兄，轻涛松下烹溪月，含露梅边煮岭云。几款陈年乌龙，一款去年的铁罗汉，吃得濡滑生津，微汗涔涔。

吃茶期间，彼此热论着关于茶席的相关话题。我认为：吃茶的美学空间，就是广义的茶席。习茶人通过这一方窄窄的泡茶平面，在无边的光影与花香中，把茶的精微和万千心事泡出，知性而美好地与大家分享，就算是"此中有真意"了。茶席存在的意义，是为诠释当下所要品饮的茶的内蕴。茶汤的香气、汤色、滋味、气韵，是一席茶的灵魂。构成茶席的器皿，没有高低贵贱之分，只有适与不适之别，不以物使，不为物役。再美再贵重的茶器，也是用来衬托茶、服务于茶的，不可喧宾夺主。茶席严谨的仪轨，有存在的必要，但不能因此影响了品茶的自在和愉悦。失却温润，反添人怨。合于法度的礼仪，并非刻意与作秀，主要为训练我们，从内心升起久违的庄重与仪式感，进而对茶、对人生、对自然万物，建立起必要的敬畏与谦卑。

第二天，行至泸沽湖，同行的小友有些着急地说："静老师，寒

泸沽湖的早上

木春早，山中茶已发芽，别耽误了去勐海做茶。"我笑着说：
"心急吃不得热粘粥。吃茶问茶，就是要让心慢下来。茶的底
蕴与文化，不就是万里征途上的风花雪月、风土人情的心游目览
吗？"心随流水去，身与风云闲。资深茶友清欢，在尺八吹奏的
幽怨哀婉中，停了一停，笑了一笑，懂了我。好茶要到节气，寻
茶需要缘分。只要诚心去做，哪里有早有晚？还是要沉下来，让
心、让灵魂慢慢跟上问茶的脚步。

晨曦中的泸沽湖，水湛蓝的像块宝石。摩梭女宾玛划着猪槽船，
陪我去湖中看日出。泸沽湖的晨曦，宁静安详而又变化莫测。光
影的绚烂，每一刻皆是不同。缤纷的光芒和多重的湖山色彩，总
能让人若有所思。太阳一露头，登时霞光万道，涟漪五彩。曙光
初照，粼粼波光中，宾玛逆光中划船的剪影，让人感觉烂漫而又
凛然不可侵犯。我沉默地望着泸沽湖远山近水的苍茫，宾玛突然
略带忧伤地说："我们这辈人，都喜欢现代的时尚，过去本民族
的许多物件、饰品，在身边已经渐渐看不到了。我少年时代祖母
曾讲过的传说，现在的年轻人已经很难听懂。我甚至已找不到合
适的词汇，去准确表达那些遥远的故事了。"的确如此，古老的
摩梭语言，正随着传统生活物品的消失而不断消亡着。

文化的衰微，源于民族的不自信。"邪气所凑，其气必虚。"讲
的就是此理。听着宾玛的诉说，我感觉自己，像是在里格岛上那
盏浸泡许久、忘记出汤的老曼娥苦茶，一饮而下，如鲠在喉，苦
涩地久久化不开。

石头寨里罐罐茶

含情别故侣，花月惜春分。勐海地区进入最忙的茶季，我告别同行的诸友，从丽江飞至西双版纳的景洪。

老五来景洪接我，开车一起上南糯山。若从字义上猜想"南糯"两字，南糯山的茶应该是糯糯的、柔柔的。这纯属巧合，南糯山的茶确实是柔的，刚柔相济，清甜芳香，略有涩底。其实，"南糯"这个词，在傣语里是"笋酱"的意思。

南糯山茶区，位于景洪和勐海的交界处，隔流沙河与勐宋茶山对望，自古就是澜沧江下游最著名的古茶山之一，目前仍保留着一千多公顷的古老茶园，其中拔玛寨和半坡老寨的大树茶，就是山上品质最优秀的茶。帕莎古寨过去属于南糯山，近年来凭借其硬朗韵足，已独步天下。

上山的路，幽深曲折。跃上葱茏四百旋。从山下到山顶老五的家，大约有半个小时的车程。老五家的木楼，在白云生处的石头寨上。我站在木楼门口，能够俯瞰南糯山郁郁葱葱的秀美茶园。

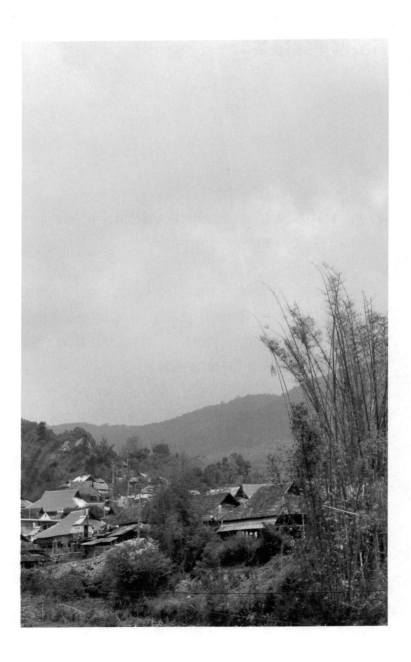

爱伲族木楼里的火塘，常年不会熄灭。火塘是一家人生活的中心，夏天用来烧水做饭，冬天用于烘烤取暖。尽管和老五熟识，他却一直把我当客人招待。我们坐在火塘边，老五抓一把头春的晒青毛茶，丢到土黄色的罐罐内，放到火灰上炙烤。边烤边上下左右不停地抖动着，待茶叶被烤得微黄，飘出浓郁的焦糖香。这才把吊在火塘上的、被熏烤得黝黑的铁壶里的沸水，嗞的一声沏入罐内。霎时间热浪滚滚，茶香四溢。老五分茶时热情地说："这就是我们的罐罐茶，有的地方也叫雷鸣茶。关于罐罐茶，过去有个谜语是这样讲的：家里有个小乌龟，客人来了就钻灰。红煎飘香雷鸣催，敬饮客人连称美。"第一道罐罐茶，汤色红浓，醇酽的像苦涩的中药汤。两三道后，清香苦凉。其后慢慢变得甜润淡薄。

罐罐茶的饮法，与《茶经》引用《广雅》的记述近似，"欲煮茗饮，先炙，令赤色，捣末置瓷器中，以汤浇覆之。"可见，南糯山的罐罐茶，是一种原汁原味的历史遗存。罐罐茶，先苦后甜，是生活方式，也是精神的慰藉。它让生活在偏远山区，曾经贫穷清苦的山民，从茶中能感受到明天的美好。善饮苦茶，啜苦咽甘，苦中作乐，是人生的修行之道。苦茶如药，能让人受用一生。当下的茶农富了，罐罐茶依然在传统的火塘上吱吱作响。再饮，已是离不开的生活习惯，也算忆苦思甜了。

南糯山的茶，浓浓地饮，茶汤饱满，生津尤好，回甘明显。我在半坡老寨的古茶园，蹒跚穿行了一个下午，当舌根的苦涩完全退去，口腔唇齿间，是满满生津的甜。

南糯山，又叫孔明山。传说三国时诸葛亮率军南征，经过南糯山时，士兵水土不服生了眼疾，诸葛亮便把随身的手杖插地化为茶树，士兵摘叶煮水，饮之即愈。关于茶的诸如此类的传说，很多编得过于幼稚低俗。尽管如此，它并不影响南糯山悠久的种茶历史，至少可以追溯到一千多年前的南昭时期。那时，布朗族的先民还在此种茶，后来他们迁离南糯山，遗留的茶山被爱伲人继承至今。

在古树参天的半坡老寨，婀娜多姿的栽培型古茶园里，还有一棵传说数百岁的茶王树，似盘龙虬曲，生机勃勃地屹立在山坡上。它年复一年地发芽、开花、结果，见证着古老茶山的这段历史。

春分

攸乐易武问茶忙
布朗山茶味最醇
景迈茶有花蜜香
昔归冰岛各有韵

攸乐易武问茶忙

清代，是攸乐山制茶历史上最兴盛的时期。檀萃在《滇海虞衡志》中，把攸乐山列为古六大茶山之首，可以想象攸乐山曾经的繁荣与辉煌。攸乐山的茶与易武相比，香气弥高，偏于苦涩，可能与高比例的紫茶混生相关。我更喜欢易武茶的甜柔韵深。

攸乐山的茶，枝繁芽肥。它之所以被列入贡茶，大概与清代攸乐山的植被丰茂、降水丰沛以及红色的酸性土壤有关。阮福的《普洱茶记》认为：古六大茶山的茶，其气韵和滋味，皆因土性之异而不同。生于红壤或土杂石中的，品质最佳。

攸乐山现改名基诺山，世代是基诺族的居住地。近几年茶质下降的主要原因：一方面，当地烧山砍林破坏生态，种植了大量的漆树。另一方面，基诺族一直保持着原始的刀耕火种习惯，近百年来，烧山开荒种粮，毁坏了大批的优质古茶园。我在基诺山最大的古茶园亚诺村发现，许多数百年的古茶树，普遍存在矮化砍伐和用火焚烧后重新萌发的痕迹。在一围粗1米左右的老树桩上，分布着大大小小的树疙瘩，上面即使覆满翠绿的蕨类和苔藓，也遮不住古茶树遍体鳞伤的过往与沧桑。

曾经的基诺族以茶为生，至今仍遗存着诸多茶文化的原始痕迹。基诺语称茶为"啦博"，"啦"是依靠，"博"是芽叶，其意是赖以生存的芽叶。在攸乐山，还能看到古老的凉拌茶、火燎鲜茶、包烧茶、竹筒茶、铁锅蒸茶、原始茶膏的制作等等。

我们常说的"吃茶"，可能来源于基诺人的凉拌茶吃法。我第一次去攸乐山，就吃到了苦涩麻辣的凉拌茶。紫切为了招待我，让他妹妹去茶园采来茶树的嫩梢。他用手先把嫩茶揉搓变软，然后把新鲜的黄果叶、辣椒和大蒜切碎，在碗里再加适量的盐巴与泉水搅拌即成。凉拌茶，对食辣的朋友来说，确实是下酒佐饭的清爽美味。

攸乐人用嫩甜竹烤制的竹筒茶，清热解暑，茶里泛着竹沥的清香。颜色乌润的传统茶膏，古来醒酒第一，是基诺人津津乐道的草木精华。这里特有的火烧茶，让我眼界大开，它类似竹筒茶的做法。基诺人先用"冬叶"，把新鲜的茶叶包裹起来，放到炭火上烧烤，直到外层的"冬叶"被烤干后，取出里面散发着清香的茶叶，再煮饮即可。

原始的火烧茶，祛除了茶的寒性，降低了茶的苦涩度，增加了茶的香气与耐泡度，为我野外寻茶、鉴茶，提供了直观便捷的评茶方式。

春在枝头已十分。岩文兄陪我到易武时，已是春分时令。易武的春天，来得比江南早。它没有江南的浅黛春山，也没有江南的杏花春雨，单单那条乱石铺就、通往茶山的颠簸马路，已经让我感受到易武的粗犷与悠久了。

提起普洱茶，易武是一段无法绕开的历史。清朝道光年间，在倚邦、莽枝等茶山逐渐衰退之际，易武茶山却迅速崛起，成为主要的茶叶集散地、生产地与茶马古道的源头，从而开创了普洱茶的易武时代。

易武茶的内质浑厚细腻，花蜜香浓。入口清甜，苦涩度低，与其揉捻偏轻不无关系。干茶梗长叶厚，条索黑白相间，像条条油润的美女蛇。傣语里的易武，就有美女蛇居住地之意。这仅仅是巧合吗？难怪易武茶如此勾魂，茶汤隽永得甚至动人魂魄。

在小车家品的那泡刮风寨，至今记忆犹新。茶汤入口轻盈粘稠，清甜饱满，香气沉稳，蜜韵十足。三水后，竟然出现罕见的脂粉香。细腻柔滑的汤水，喉韵深长。那种难言的清贵风韵，让我感觉"班章为王，易武为后"的说法，确有几分道理。易武茶里，有雍容含蓄的贵气，有绵绵不绝的柔情，令人不自觉的"半缘修道半缘君"。

夕阳西下，我踟蹰在老街的石板路上，遥想着易武当年茶香中的繁华。光滑的青石板上，树影斑驳，掩映着清晰深凹的马蹄印迹，似有空谷遗音，踢踏声响。触景生情，不禁令人遥想：百年前的马蹄声中，大队的马帮常年风尘仆仆，奔波于此。在"鸡声茅店月"的霜雪中，把茶与梦想运出大山；在残阳如血的暮色里，把生活用品和红尘外的传说带回古镇。熙熙攘攘，利来利往。山林里苍老的古茶树，荒野中残缺的旧石碑，老街上鳞次栉比的旧木房，是尚能触摸到的繁华与凋敝的痕迹。这种依旧温暖的见证与力量，让轮回中的茶与人，再一次在历史的茶马古道上，有信心从冷寂走向辉煌。

布朗山茶味最酽

勐海的春天特别干燥。我在曼弄的寨子里住了三天，在凤尾竹摇曳的竹楼里，天天喝茶辩茶，还是免不了口干舌燥。

找个不风不雨的天气，老曼娥的岩宽开车来到勐海，接我去布朗山。一路南行，穿越象山和辽阔的勐混坝子，布朗山依稀在望。车经广别、贺开、班盆古寨，数百年的古茶园比比皆是。山路崎岖蜿蜒，黄沙漫漫，峰回路转，颠簸惊险。一路风尘中，到达老班章。我早已是尘满面，鬓如霜，狼狈不堪。清理下口鼻里吸进的黄沙土，洗脸净手，在村长三爬的饭馆内，吃顿哈尼族的农家饭。

饭后，走进老班章的古茶园。郁郁葱葱的茶园里，林中有茶，茶中有林，浓荫蔽日，气息清爽。大部分古茶树，遒劲挺拔，枝叶浓绿，叶片肥厚宽大，芽尖茸毛密亮。我忍不住咀嚼几粒毫白肥大的茶芽，微苦清香，口咽顿生丝丝的凉意与不尽的回甘。

岩宽告诉我，班章村委会包括老班章、新班章、老曼娥等九个自然村落。老班章是个哈尼族村，迁到布朗山建寨的历史，大概有两百多年。大多数百年左右的茶树，都是哈尼族人亲植的。那些超过两百年的古树，相传是布朗人在这里种植的。我认同岩宽的说法。早先听村里的娜仁说过，老班章寨最早是布朗族的居处，他们搬走后，把这片古茶园留给了哈尼族人。为了感谢布朗兄弟的前人栽树，过去的哈尼人在新年杀了牛，都要送些牛肉表示感恩。

下午三点，我和岩宽离开班章村。经过新班章，一路崎岖，天黑前到达老曼娥。一天的疲惫，让我甚至失去了吃饭的欲望。

相比老班章，我更喜欢老曼娥的原始古朴。2000年前，老班章的茶，藏在深闺无人知。当时的国营茶厂，是按照等级收购散茶的，老班章的茶因芽头太大、白毫过多，不好拼配成茶。因此，班章茶几乎无人乐意收购，而且价格低廉。2007年后，老班章

过去的老班章村寨

的霸气刚劲个性，被充分挖掘出来，从此茶价像坐上了飞机，逐年飞涨。自那时起，财大气粗的老班章人，家家户户开始了造楼运动，大面积拆除了与环境颇为协调的旧房，百年养成的气息风貌，就此走向消亡。

老曼娥，是布朗山最大最古老的村寨。据寨里佛寺的石碑记载，其建寨历史，至今已有1369年。古村寨被一片青翠苍郁的森林包绕覆盖着，古茶树高大玉立在寨边的莽莽山林里。村寨里，有我喜欢的茶香、菌花香混合的古老气息，质朴而清新，一如这个勤劳嗜茶又特别会种茶的古老民族。

老班章的茶，固然好喝，我因欣赏老曼娥的原始气息，从心里更亲近老曼娥的古茶。

老班章的茶，多属于甜茶。叶片相对细长，柔韧厚实，颜色均一，毫毛明显。它的香，富有山野之气而幽幽的不太张扬。茶汤清亮通透，入口微苦，苦后即化，滋味丰富，口感协调、喉中隐凉。十余水后，有冰糖般的清甜，因此有"涩尽七分香，苦退十日甜"的美誉。

老曼娥的茶，多属于苦茶。肥厚壮实的条索，蕴含了原始森林自然清劲的野性。厚实浓烈的茶汤滋味，苦重绵长的高扬香气，让人过口难忘。苦，是香气的骨架。没有苦，哪来的香？老曼娥的苦，隐在香里，苦不挂喉，也不会残留口腔。当香里的苦慢慢消尽，特有的清凉生津的甜，会滔滔不绝地袭来，苦甘缠绵的让人回味无尽。梅花香自苦寒来。老曼娥的苦寒，厚重得足以耐得住光阴的剥蚀。待苦稍退，定如梅花，其香如故。正如宋人词云："仅梅花知苦，香来接。"

如果有人问我，哪里的普洱茶好？我的回答一定是布朗山，其味最酽。老班章质重味厚，老曼娥桀骜不驯，同样是英雄风骨，一样的王者气度。

连绵起伏的布朗山，一株株表征沧桑岁月的古茶树，诉说着布朗族先民"濮人"久远的种茶历史。传说布朗的始祖名叫叭岩冷，他在临终前留下遗言："我留牛马给你们，怕它们遇到灾难就死掉。我留金银财宝给你们，怕它们不够你们用。我留茶叶给你们，子子孙孙会世用不尽。" 从此，布朗族人谨遵古训，哪里有好茶，他们就在那里建寨；在哪里建寨，他们就在那里种茶。

布朗始祖的千年遗言，充满着鲜活的哲理，启迪我们重新思考财富的定义。富贵传家，不过三代。而布朗山生生不息的古茶树，冬去春来间，潜滋暗长的叶芽，如今早已胜过了摇钱树。

布朗山的茶，苦重气沉，阳刚霸气。易武的茶，清甜饱满，阴柔细腻。一阴一阳，如同普洱茶帝国的一王一后，演绎出七彩云南的风情万种。这阴阳相生的高标逸韵，难道就是普洱茶中的"道"吗？

景迈茶有花蜜香

景迈的古树茶，素以花蜜香闻名。它的香，偏甜腻妖艳。有段时间，我曾把景迈茶称之为女士茶。

大概因为景迈茶的花蜜香浓，所以，爱茶人常把景迈茶列在班章、易武之后。景迈茶清甜，花香直白高雅，故景迈茶屈居为妃。班章阳刚霸气，有王者之象；易武清柔绵厚，有皇后之风。在它们面前，香气渗到骨子里的景迈茶，稍显轻薄，为妃也不冤枉。不过，这妃子可是肌肤如雪、迷人的香妃。《还珠格格》里这样描述香妃："远望，一颦一笑，勾魂摄魄。走近，香泽扑鼻，令人心醉。"

我从内心真正接受景迈茶，始于今年的谷雨之后。在九华山品过砚田兄的十年景迈青砖，在版纳品过何仕华1999年的景迈饼茶。那种悠然清寂的兰花香，彻底改变了我对景迈茶的看法。

九华山甘露寺茶会的前夜，细雨纤纤，雨打芭蕉。我与西安的闲影、云南的李东诸友，一起在禅房喝茶。砚田兄因飞机晚点，匆匆赶到甘露寺时，已是夜阑更深。他一进门，便递给我一块普洱生砖，当时炉火正沸，随意撬了一块丢在银壶煮瀹，不时"芳气满闲轩"，香飘风外别，引得未睡的茶友纷纷跑来讨茶喝。细滑稠厚的茶汤，可能与煮有关。茶气充盈、滋味饱满，甜甜的兰花香过喉冲鼻。忘了当时是谁说的：如此的清香扑鼻，会把熟睡的蜜蜂惊醒。

何仕华的1999年景迈生饼，是我从攸乐山回到勐海后，濮子兄瀹泡的，当时还有河南广播电台的崔老师等。这款在勐海存储了二十多年的茶，饼面油润，芽头金黄。盖碗冲瀹，汤色艳若榴红，清甜无涩，香似空谷幽兰，清纯飘逸。茶汤呈柔滑的米汤感，其柔和细腻如昔归忙麓，温婉敦厚又有点像易武。

山场好、品质佳的普洱茶，如果杀青、晒青工艺到位，汤色杏黄明亮，茶气刚猛，滋味厚重，喉韵深长，杯底有浓郁的花果冷香，后期的转化，都非常值得期待。品质上佳的好茶，短期内地域特征可能明显，后期不会有太大的差别。不要误以为贵的一定就好，贵的是人心，是迷惘。就如这款景迈，只要有人珍惜牵念，敢于沉寂多年，等青涩退去，华枝春满，"妃"与"后"，又有多大悬殊呢？

有人说，景迈茶特有的花蜜香，是万亩古茶园里的茶树，与多种野生植物在和谐共存的原始生态中，由蜜蜂、昆虫等异花传粉所致的。当我徜徉在古茶园的蓝天白云下，深吸几口暗香流动的药香、花香气息，感受着绿地上绵绵蒸腾出的新鲜地气时，我意识

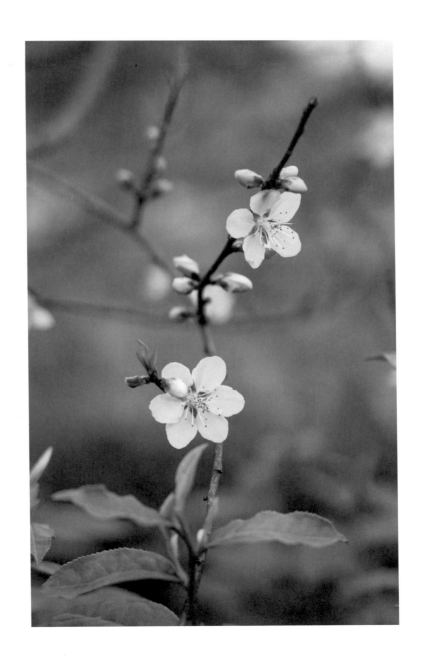

里虽然相信了，但是，理性告诉我，这根本不符合常识。

我是在雨水节气前，到达景迈的。从勐海出发，在旖旎的亚热带雨林风光中，穿山越岭，经过三个小时的车程，到达位于思茅和景洪交界处的惠民乡。茫茫云海的青山下，一座座《芦笙恋歌》里唱到的竹楼，掩映在古茶树的绿色中。离景迈大寨九公里处，便是芒景寨子。越过一段段由弹石路连成一片的茶林，就来到了云南规模最大、保存最完好的景迈古茶园。

穿行在古茶园里，那些历尽沧桑的大茶树，依旧生机盎然，苍翠欲滴。粗大茶树的枝干上，覆盖丛生着苔藓、蕨类、藤蔓、螃蟹脚等，把这片嫩绿的茶园，点缀得色彩斑斓。置身其中，恍若隔世的伊甸园，又似游春在一幅诗意盎然的古画卷里。

景迈的螃蟹脚，惹人怜爱，它寄生在茶树和苔藓上，玉立婷婷。微风过处，随茶树的枝干翩翩起舞。螃蟹脚不惟景迈独有，也非只生长在古茶树上。我曾在幼小的茶树上，发现过螃蟹脚。也曾在南糯山、勐宋古茶园，看到过螃蟹脚青翠可爱的倩影。

茶树上长出螃蟹脚，听起来匪夷所思。其实，螃蟹脚是在生态良好的茶树上寄生的一种蕨类植物，它属于扁杆灯芯草，色绿形如蟹肢而得名。据记载，螃蟹脚性寒凉，味微酸，饮之柔滑爽甜，有清热解毒之药效。不过，茶归茶，药归药。茶可常饮，螃蟹脚其性过寒，可用食疗，不宜多饮。螃蟹脚有着轻微的腥味，更不宜与淡洁之茶混饮。

昔归冰岛各有韵

我最早喜欢昔归，是因她的名字里，有"昔我往矣，杨柳依依。今我来思，雨雪霏霏"的诗情画境。

在杨柳依依的春天离家，在雨雪交加的冬日归来。泥泞霜冻寒冷，也无法阻止回家的风雨兼程，只因芦花深处的那间土房里，有盏为他亮着的昏暗灯光。这种"愿得一人心，白首不相离"的守望与情深，让人相看相感意缠绵。

等喝到昔归古茶，茶如其名，果然名不虚传。黑而紧细的娟秀条索，未泡就已茶香四溢了。等低冲慢斟，幽雅的兰花香，氤氲盈室，夺鼻而入。淡黄清亮的汤色，入口细腻的像读柳永的慢词，慢处声迟情更多。微微的苦涩中，香气若兰，清透蕴藉。三水后，回甘生津，两颊与舌底如汩汩流泉。五水后，粘稠的汤感依然柔顺。七水后，似冰岛古茶的冰糖甜始现，茶气仍旧强烈，但又不似老班章的霸气外露，劲道的气韵掩映在水中。昔归的茶，厚重耐泡，那种清冽高锐的冷香，让我们很容易区别于其他茶区。

清《缅宁县志》记载："种茶人户全县约六七千户，邦东乡则蛮鹿、锡规尤特著，蛮鹿茶色味之佳，超过其他产茶区。"文中的"蛮鹿"，现叫忙麓，"锡规"则称为昔归。

昔归是临沧邦东乡澜沧江畔的小山村，海拔750米，背倚忙麓山，前照澜沧江，地理条件得天独厚，造就了昔归茶独一无二的品质。但昔归的茶树一般不大，其大树茶的产量不过两吨。如此低产的好茶，在市场尤显珍贵，昔归应叫"希贵"才对呀！唐代杜工部诗云："昔归相识少"，能与昔归相遇、相识、相知的人，的确不多。

倚天不出，谁与争锋？在大树茶产量最大的临沧地区，能与昔归茶争锋的，大概只有勐库的冰岛茶了。冰岛的树龄普遍较大，年产量在7吨左右。干茶条索肥大，典型的黑条白芽。冰岛是一个古老的茶村，当地人习惯叫做"丙岛"或"扁岛"。

冰岛村三面环山，一面临河，水源充足，无冰无雪也无寒。不过，当"扁岛"被外界称之为冰岛，字义上便纯美了许多，让未来过的爱茶人充满了想象。偏清甜的冰岛茶，从来佳茗似佳人。冰清玉洁的联想，容易使人求之不得，辗转反侧。

茶界从来不缺少段子与故事。再讲昔归为王、冰岛为后，就会陷入粗鄙的抄袭与俗套了。我则认为：昔归和冰岛，很似金庸笔下的神雕侠侣。昔归茶气厚足，有着英雄的苍凉苦涩，却也不乏柔情，是杨过。清甜且几无苦涩的冰岛，像极了清纯脱俗的小龙女，幽幽地散发着玉蜂酝酿的花蜜香。

好茶还需好水。浙江长兴的秋夜，我与安徽农大的丁老师、双且，在品去岁的冰岛生茶。金沙泉的水、横把的银壶、可爱的朱红漆器匀杯，都为那晚的冰岛茶添足了风采和韵味。

冰岛茶香气纯净，与倚邦的"猫耳朵"类似，入口甜爽是其最大特点。有些女士或刚接触茶的人，因承受不了其他产区晒青茶的浓强刺激，其冰糖甜的柔和滋味，会令他们耳目一新，念念不忘。其实，冰糖甜，并非是冰岛茶的专属特征，这是所有高品质茶所具有的共性，只不过冰岛茶的氨基酸含量，偏高于云南的其他大茶树，故显得茶汤细腻而甜爽。这些所谓的优势，如果与野生的顾渚紫笋相比，其鲜甜仍是望尘莫及。冰糖甜并不神秘，本是味甜而带清凉感。冰岛茶的茶多酚含量，相对于其他茶区偏低一些，故涩度不显。叶背毫少，故汤色清透。其香气偏花蜜香，悠远绵长，含蓄的像情窦初开的女孩，迷人而不媚人。澄澈甘香气味真，一盏摇荡满怀春。非冰岛莫属。

昔归、冰岛茶不用品，仅仅名字的诱感，就足以令人神往了。但从2013年开始，这对临沧的神仙眷侣，已被资金炒高了太多，严重脱离了茶的品饮价值。多么希望昔日清纯无邪、至情至美的茶，少沾染些铜臭气，早日挤破虚高的泡沫，退去浮华归本真。陌上花开，可缓缓归矣！哪怕是夕归？

清明

清冷寒食春飞花
梨花清明染春深
茶路漫漫在江南
红袖添香伴读书

清泠寒食春飞花

寒花生树，桃红李白。阳春的日媚风柔，雨滋露润，诗意了闲煮吃茶的清寂光阴。

窗外，细雨霏霏梨花白。我坐在茶斋里，执卷《红楼梦》。坐久了，料峭春寒，便壶泡五年陈的祁红特茗。像这类色泽乌润、紧细苗秀的本土种祁红，已难寻觅。我多次问茶祁门，所见到的祁红，茶青多为早熟的新品种，发酵轻，青气重，很难再找到带有玫瑰花香的"群芳最"了。

这款特茗高温冲泡，汤滑红浓，香气沉稳，玫瑰花香在盏底萦绕，盘桓不散，恍然有玫瑰花开身畔的错觉，寒意中陡添了些许的温馨与浪漫。

吃茶暖，盏未寒。旧友持新购龙井兴冲冲地进门，大言茶出狮峰，让我尝尝鲜。我接过茶，茗倾素纸，细观干茶，芽叶匀整，短粗肥胖，绿中透黄，芽头末端的一痕淡红，端倪初露。我笑着说："这是早熟品种乌牛早，真正的狮峰龙井，此刻尚待字闺中呢！"我常说：乌牛早是尾端褐红的矮胖子，龙井品种要窈窕纤秀的多。

今年的杭州，阴雨连绵，气冷春寒。时令虽到了寒食，群体种的西湖龙井，才刚刚新芽初萌，采摘时间也比往年推迟了许多。早些年的清明以前，山涧的桃花落尽，我早已打点行装出门，问茶杭州狮峰、苏州西山、长兴顾渚、安吉溪龙的翠绿茶山了。

传统的西湖龙井，大部分为群体种，又叫老茶蓬。茶农口中的老茶蓬，能够形象地描绘出西湖龙井老茶树的基本概貌。你看啊！在桂花树、梨树、桃树开满繁花的山坡上，樟树覆盖的阴林中，一株株不知生长了多少年的老茶树，兀自傲然独立着、生长着。茶树粗大的根基上漫生着青苔，上部的枝桠丛生并交互覆盖着，像极了幽篁里隐居修行者的茅蓬。

老茶蓬发芽较晚，芽叶肥壮，叶张稍有卷曲。干茶有炒黄豆的浓香，芽长于叶，扁平紧秀，如糙米色黄。

我从冰柜里取出去年的狮峰龙井，与朋友带来的新茶对冲。先用沸水烫洗一下玻璃杯，投茶于其中热嗅。乌牛早的新茶，色泽偏绿，微有火香，略带青草气。而狮峰龙井的豆香更加浓郁，并夹裹着悠长清甜的兰花香。

待沸水稍息，悬壶高冲，茶舞翩翩，翠嫩养眼。绽放的叶形如兰，香气若花。乌牛早的茶形，的确好看，芽叶肥短，但茶汤偏薄微苦，青涩味显。它缺少的，不只是狮峰龙井入口的甘甜醇厚，还有西湖山水叠翠中的芬芳酝藉。

翠绿形美的茶，可以悦目，不见得好喝。对于茶，好喝、健康才是硬道理。有多少的红颜粉黛，在岁月老去后，能名垂青史的，

西湖龙井的群体种

还是靠"腹有诗书气自华"。曾经流连在西湖歌舞中，能让人们记住且追念的，都是些饱读诗书、留下清丽诗文的佳人，像苏小小、柳如是、林徽因，等等。

冬至后的一百零五天，是传统的寒食节，它正好在清明的前一两天。"一百五日寒食雨，二十四番花信风。"从立春的梅花绽放最先，每五天为一候，就有一种相应的花卉，迎风信悄然开放，即所谓的"风有信，花不误"。到谷雨的楝花盛开收尾，经过二十四番花信风后，便是节气的立夏了。寒食节，是我国古老的传统节日。初为节时，是为纪念介子推，于是便禁烟火，只吃冷食。在后世的发展中，逐渐增加了祭扫、踏青、插柳、试茶、秋千、蹴鞠等风俗。

古人休闲的智慧，是选择在桃红柳绿、生机盎然的春天里，去祭扫踏青，缅怀与追远同在，游赏与问春共存。哀而不伤，欣而有节。而今寒食的流俗已基本消亡，仪式不存，信仰不再。没有了诗意的内心，乍暖还寒里，哪里还会有妩媚清明的春光？

寒食已逝、清明犹存。寒食肃穆，也是郊野嬉游的季节，"稚子就花拈蛱蝶，人家依树系秋千。"每每看到女儿，作业写至夜深，便心痛不已。多希望孩子能有童年的轻快，"儿童散学归来早，忙趁东风放纸鸢。"多希望女儿，能够走出灯下无奈的光晕，行走在"草长莺飞二月天，拂堤杨柳醉春烟"的画意中，健康阳光的成长。

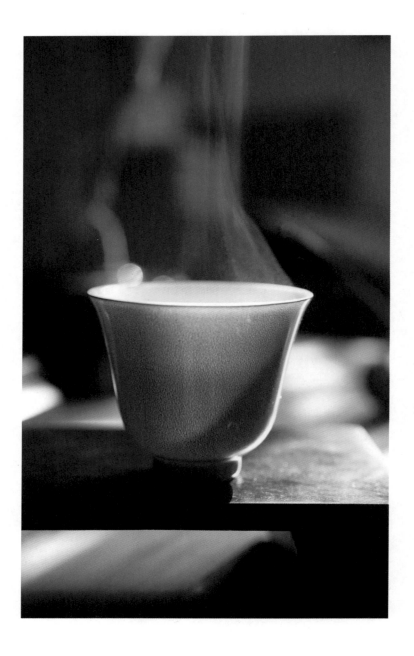

梨花清明染春深

清明，是一年中草木润泽、清气最盛的时节。《岁时百问》写道："万物生长此时，皆清洁而明净，故谓之清明。"

如雪的梨花尚未落尽，灼灼其华的桃红，如镜头中的画面映入眼帘。一年之中，没有哪一个季节，能像清明姹紫嫣红、华彩明丽，一片灵动的勃勃生机，在"红绿扶春上远林"里渲染开来。

明前茶叶是个宝，芽叶细嫩多白毫。明前的茶，春温低，发芽少，生长慢。芽叶细嫩，高氨低酚，香高味醇，弥显珍贵。

在以早为贵的贡茶时代，春茶大致分为社前茶、火前茶和雨前茶三种。社前是指春社前，大约在春分节气。像唐代的阳羡茶、顾渚紫笋，就是春分前后采摘的社前茶。火前即清明前，古时的寒食节禁火三日，寒食节又在清明的前一两天，故名。雨前茶，是指谷雨节气前的茶。明代许次纾《茶疏》里说："清明太早，立夏太迟，谷雨前后，其时适中。"如果说明前茶是茶里的极品，那么，雨前茶就是茶中的上品了。

明前的茶，清香袭人，鲜爽生津。它凝结着去岁的簪花剪雪，蕴含着早春的晨风暮雨，包藏着清明时气流转的清新盎然。这样的茶，算得上是至真至纯、无妄无嗔。如果在世俗中，它被包装成可望而不可即的奢侈品，真的会玷污了茶的清名，辜负了茶的独高。

明前茶，在我们的意识里，还是以芽为贵。在茶事活动中，仍会看到一些人，炫耀着单芽茶的嫩绿。对于明前茶，采摘一芽一叶或一芽两叶，会更理性、完美。其香气、厚度、鲜爽度、耐泡度、营养成分，都会好过单芽许多。首先，单芽茶，为生长不完全芽叶，内含物质尚未形成。其次，惜采单芽，会大幅提升茶的品质，减轻对茶树的伤害，如此，方不辜负茶树一冬的苦寒坚守。

碧螺春采摘一芽一叶，西湖龙井采摘一芽两叶，六安瓜片连芽都不要，只撷取第二个叶片。当它们都成长为经典，而信阳毛尖不仅只采芽，而且还越采越小，最终赢得个"小混淡"的绰号，教训不可谓不深。所谓"小"，是指芽头采得过小；"混"是指芽头嫩小而毫多，因此造成了茶汤的浑浊；"淡"是因为单芽茶味不全，故滋味清淡。

平常心，真滋味，草木情，饮之道。茶树历尽酷暑严寒，"春物亦已少"，还是要多存惜物之心，少些冠冕堂皇，这才是茶之大道。

"恻恻轻寒剪剪风"中，晨歌兄来济吃茶。彼此谈起滇中问茶的所见所闻，不禁有些慨叹。云南连年春旱，茶树严重过采，大树茶杀青不透，烘青料以假乱真，初制茶粗放简单，山头茶混乱不堪，树龄茶虚假夸大，等等。诸如此类的种种因素，让我对普洱生茶的未来，信心不足，甚至迷茫。在一些知名的寨子里，我多次喝到过烘青的茶。若是仔细辨别，会发现干茶带有高温干燥的火香味。茶汤青绿，叶底翠绿，香气高扬，入口清甜，缺乏苦底中的回甘。这种烘青绿茶特有的色香味甘，有先声夺人之势，不知会让多少人上当。

同时和晨歌谈到，一个茶人，一个老店，不能自欺，也不可欺人，应及时把别茶鉴茶的正确理念，清晰地传递给茶友。例如：怎样的熟茶可以陈化久存？哪一类生茶可以如期地转化？哪个池塘的蝌蚪可以变成青蛙？如其不然，五年乃至十年之后，当新茶的浮光掠影随风而去，当茶的真相原形毕露，又该如何去面对购茶的朋友及我曾经夸口的茶？由此可见，古今老字号立店的不忘初心、童叟无欺，从来不是一句空话。记得胡庆余堂悬挂的匾额是"戒欺"，同仁堂的对联是"修合无人见，存心有天知"。

在这个明媚的节气里，我喜欢读苏轼的《东栏梨花》："梨花淡白柳深青，柳絮飞时花满城。惆怅东栏一株雪，人生看得几清明。"花飞花谢，春去冬来，万事蹉跎，时不我待。余生还有几个清明？又有几人能看得清明呀！

山高雾霭处，翠绿是茶清明时节的春衫，本真依然。岁月催人，光阴发酵了少年的心事。待到中年时，那一杯绿茶，已经渥堆氧化，变成了温润甘甜的红茶，汤里酝酿着浅笑深颦的青春秀色。此去经年，耐得住时光沉淀的，是"玉碗捧纤纤"里泛着的醉红酡颜。

茶路漫漫在江南

累且快乐着的茶季来了，我急不可耐地奔向江南问茶。春来江水绿如蓝，能不忆江南？江南的春，在乱花深处鸟鸣中；问茶的路，于阳崖阴林清涧里。

过去到江南问茶，我一般先至杭州，然后以杭州为中心，奔径山、长兴、安吉、德清、湖州等地。高铁改变布局。待高铁开通后，我可以先到湖州，尔后以湖州为中心，真的方便快捷了许多。

四月的西湖，红胭绿脂中弥漫着的花与草的清新。它是什么味道？是三分慵懒，七分香软，十分温婉。烟雨清波，如诗如画的西湖，是我问茶江南的驿站，是一个必到可以不游，但不能不驻足小坐的所在。

长亭边，断桥上，雷峰塔下，灵隐寺中，虎跑泉边，翁家山畔，寻紫觅红，踏遍青山，只为寻觅龙井的香远味鲜。西湖龙井的色清味甘，与他山异。异就异在西湖的春山苍苍，钱塘的绿水漾漾。还有呢？苏轼、林逋、白居易、辩才、弘一的文脉诗魂，穿过千山晕碧、翠幕烟绡，在潋滟春光里低吟浅唱，熏染富足了西湖龙井的蕴藉芬芳。

在杭州问茶，我去的最多的就是狮峰山、满觉陇。这里的崖前涧边，古木参天。湿漉漉的台阶，苔痕青绿。如是深深地呼吸一下，顿觉畅快清凉，湿润的空气里，沾染着草木清香。如果仔细辨赏，桂花树下生长的龙井茶，花香会悠然许多。

在翁家山，一个老樟树笼荫的江南小院里，我协助翁先生炒茶。老先生告诉我：他和老伴炒茶近五十年了，炒茶苦啊！只有用手去感知锅温，凭经验炒出的龙井茶最香，机器是无法炒出这种香

西湖龙井的辉锅

气的。看着他手上烫起的水泡，我有些黯然。或许如先生所说，用不了多少年，传统龙井茶的手炒工艺，就会成为历史的记忆，或仅沦为商业表演了。茶很香，但炒茶的过程是苦的。当今的年轻人，已经难捱其苦，逐渐开始远离这个手工技艺了。

我问老先生："龙井茶的香，是什么香呀？"老人说："是清香。"的确是清香，我无法再去追问。我感觉它是一种醇厚的豆花香，用心品来却似又不似，这或许就是香气的魅力与龙井的神韵吧！在山色俱佳的西湖之畔，秀美的狮峰山下，溪涧径流遍布，茶树长年处于"不雨山长涧，无云水自阴"的雾露环境中，每天沐浴在山光、水气、花香、果香中的西湖龙井，怎么会是单一的香气呢？一叶凝聚千般香，这或许就是茶的思想。

下山的路上，我还在思索，当旅游的车流、人流，打破了山场的静寂；当宽阔的马路，替代了幽篁曲径；当竹篱茅舍，变成了没有温情的钢筋水泥；当机器全部代替了传统手工……龙井茶的精神底蕴，是否也会发生改变？还会如百年前的"茶烟一缕轻轻扬，搅动兰膏四座香"吗？

黄昏时，天空飘起柔若细丝的小雨。烟波浩渺的西湖，云蒸雾润，像一幅浓淡相宜的文人水墨。行至柳浪闻莺处，雨下得更密了，雨丝缠绕着落花，覆盖了小园香径，我顺便拐至恒庐吃茶避雨。

与澄澄堂主及女主人姚琼相知多年，冒雨去讨杯茶吃，也用不着寒暄客气。清秀的姚琼笑意盈盈，瀹泡她镇店的私房茶积香。听姚琼说，积香是她和先生早年用班章料精心发酵的熟茶，希望此茶能在岁月的磨砺中，厚积薄发，历久弥香。

积香的名字，取得真雅。宋代秦观有诗："云峰一变隔炎凉，犹喜重来饭积香。"果然茶如其名，此茶的香气，与我早前定做的一款攸乐山熟普类似。开汤乳香浓郁，水厚汤滑，三水后，老茶的糯米香醇正勃发，甜润有加，只喝得胃肠暖暖、汗出涔涔。

茶逢知己千杯少。我坐在竹椅上，细品着积香的柔滑与甜软，透过古老的海棠花格窗棂，惬意地看翠竹盈窗，听雨打芭蕉。欣慰西子湖畔的雨夜萧萧，有茶有闲，与一二知己共饮。茗品细细，香长味永，心下快活自省，口不能言，妙处难与君说。

雨还在下。我开始牵念湖边的桃花、杏花，可否经得起雨梳风寒？如果明晨醒得早，一蓑烟雨中，我一定会深巷明朝看杏花。

红袖添香伴读书

万木叠翠的桐木关，崇山峻岭，松繁竹茂。古茶园的野生茶树，山高路远，云浮雾寒，因此，桐木茶山的春天会来得晚些。

谷雨前，我从武夷山的三姑，驱车进桐木关。进山的路，是条百年古道，在对夹的青山间逶迤盘桓。山路左侧的山涧里，碧水横流，飞花溅玉，向下汇入武夷山的九曲。远处数峰青黛，有白云缭绕。过了保护区的皮坑检查站，再往里才算是真正的桐木关。这里的海拔超过了一千米，水清山翠，宛若仙境。

一路穿林渡水，峰回路转。九十分钟后，到达人迹罕至的十里场。稍作休整，我和老温直奔桐木关的核心茶区，去探望生长在竹林里的百年野茶。

桐木深处，乱山攒拥，流水铿然，疑非人世也。行至大竹岚，徒步跨越山涧的小溪，踏着松针和竹叶自然厚厚铺成的蹊径，攀竹援树，艰难步行一公里许，来到了遁世离俗的南钉坑。

这些生生不息在竹林新笋间的野生茶树，枝桠间密布着苔藓蕨草，翠绿养眼。那丛丛不知岁月经年的老茶树，有同根相生的，有茶果堕地野生的，一簇簇的间隔或近或远，幽居岩壑，自成风景。彼此间或相依，或翘望，枝枝叶叶总关情。

野生的茶树，迥异于山外的园茶。细观每一丛茶树，簇簇各异，参差不齐。叶片细长如竹叶，叶茎较长。叶芽或翠绿、或金黄、或紫红、或淡紫，色各不一，叶皆有别。新梢多为娇翠金黄，叶面凹凸有致，褶皱如老人的手面，诉说着山里的沧桑流年。叶张微微后卷，茶芽及叶张背面的绒毛稀少。这也是正山小种茶汤清透的主要原因。宋子安《东溪试茶录》记载："茶于草木，为灵最矣。去亩步之间，别移其性。"生态清绝的好茶，多为自然变异的群体茶种。正是这些资质各异的老茶树，共同构成了正山小种的丰富多彩。

刘梦得《西山兰若试茶歌》云："阳崖阴岭各殊气，未若竹下莓苔地。"霉苔地上的茶树，新梢凝翠，叶叶清风，又有竹林掩映，茶氨酸含量高，故清幽鲜美，品质最佳。茶树丛生于被覆竹叶、松针腐殖土的烂石之上，叶张柔软，叶脉清晰，叶背后卷，茶毫稀少。这些好茶的特征，与陆羽《茶经》对"上者生烂石、阳崖阴林、野者上，叶卷者上"的描述，是基本吻合的。

次日清晨，待茶树上的露水消失，竹林野茶开始采摘。等茶青运回十里场，便开始在竹席上薄薄的摊青。我坐在一旁的竹凳上喝茶，陪着茶青慢慢走水，不时地会抓一把茶青，嗅嗅香气，感知一下。叶面如绸缎柔滑，黏黏的粘手，又亲切喜悦地不忍放下。等茶青偃伏萎软，散发出甜甜的青苹果香气，便可进行揉捻了。

夜深的桐木，远山如黛，山风清冷。万籁俱寂中，唯闻溪流淙淙，间有几声狗吠。一夜饮茶看青，几近不眠。

当山中的第一缕阳光，照射到次第斑斓的峰峦之上，野茶的摊青、凋萎宣告结束，随即进入揉捻阶段。山场好的野茶，揉捻时散发着花香或近似苔藓的清香。而生态、土质欠佳或施过化肥的茶青，气息沉闷或泛土腥味道。好茶与劣茶，在凋萎、揉捻初期，高下已见分晓。

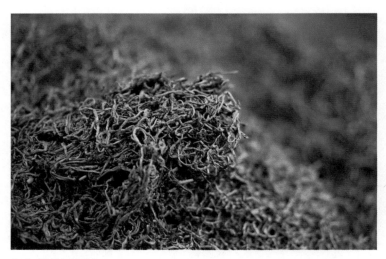

发酵到位的红茶茶青

经过揉捻的茶青，要先解块，之后便是数小时的渥堆发酵。做茶尽管很累，但是，当遇到好茶的触手柔媚、芬芳四溢，就会让无聊的劳作变得有味。在世界上，有哪种工作是清香追随、贯穿始终的？

夕阳西下，茶青发酵到九红一绿，近猪肝色，我协助老温起堆，把红变的茶青均匀布散到竹匾上，一摞一摞地移入专做传统小种的青楼。这青楼，可不是那"青楼"。这青楼凋青、焙茶；那青楼，倚红偎翠。名同而质异也。

等夜幕降临，在青楼下的火灶内点燃松木，利用高温烟气烘干茶青，毛茶的制作才算初步完成。

山隐幽居草木深。竹林的野茶与竹相伴，得竹林清芳。它丛生山野，具苔藓丛韵，沾梅馥兰馨，在后期的制作中，又得以松烟熏染，松竹梅兰的气韵，齐聚一盏汤内。这茶，多么像中医里以补气见长的四君子汤。

"林下美人，梁上君子。"是金岳霖对林徽因、梁思成伉俪的无上赞美。竹下佳人，盏中君子，是"红袖添香"这款野茶的真实写照。关于红袖添香，说来话长。记得两年前，我刚走进桐木关，当我在山清水秀的十里场，品到这款竹林野茶时，便惊喜不已。那金黄油亮的汤色，如梅似兰的花蜜香气，让人从心底里温暖愉悦。最喜那入口的清甜，如饮野生蜂蜜，又似山野深处的疏朗清寒，如斯佳茗，尽得山清水幽之气，浸染竹木清香之韵，熏以山花野卉之芬。"红袖"虽然集了梅芬、兰幽、竹清，但是，我觉得也不能少了松韵，于是，便在焙火中选择青楼制作，使之不离传统，稍含松烟淡淡。"红袖"添以松烟香气，便是"红袖添香"了。

红袖添香夜读书，是文人闲适香艳的生活。书读执卷，生活如茶，生活里不能少了传统的松烟气息。如此良宵兀坐，人倦灯瘦之际，倘若有一袭"红袖"相伴，可得人生三昧：布衣暖，红袖香，读书滋味长。

红袖添香夜读书，是慵散文人的惬意生活。顾惭华鬓，负影只立。一盏红袖，温馨隽永。香透齿颊，暖意顿生。难怪金圣叹说："读《西厢》，必焚香读之，必对花读之，必与美人并坐读之。"剔透清灵，情幽贤淑的佳人罕矣！莫若"红袖添香"，茗伴读书。

谷雨

问茶湖州访大茶

曾从顾渚山前过

安吉茶山又逢君

茶煎谷雨落花春

问茶湖州访大茶

鹁鸠唤晴，江南春矣。江南的春天多雨，雨却是江南的意象。江南的茶和江南的雨一样，清澈灵动，祛除浮躁，消磨锐气，沁人心脾，又有谁能拒绝好茶的温柔清贵呢？

细雨疏烟，桃花旋落。我相约大茶，辞别杭州，问茶湖州。湖州是中国茶文化的发祥地，也是陆羽的老师皎然的故乡。

皎然姓谢，字清昼，是南朝谢灵运的十世孙。当时，皎然大师是杼山妙喜寺的主持，也是唐代最著名的诗僧和茶僧。陆羽在二十多岁遇到皎然，是他命运的转折点。陆羽于湖州著《茶经》，皎然不仅给予无私地谆谆教导，而且提供了必要的物质与经济条件。皎然圆寂后，陆羽毅然决然地离开苏州，重返湖州，以追随他视为"缁素忘年之交"的老师。

陆羽晚年有诗追忆皎然，"禅隐初从皎然僧，斋堂时谧助茶馨。十载别离成永决，归来黄叶蔽师坟。"字字情深，句句意切。

湖州是产茶的圣地，也是风雅之邦，其中所辖德清的莫干黄芽、长兴的顾渚紫笋、安吉的白叶茶，都是春茶中的翘楚。这一切，从宋代戴表元的《湖州》诗里，可见一斑，诗云："山从天目成群出，水傍太湖分巷流。行遍江南清丽地，人生只合住湖州。"

从问茶的日程安排上，我应该先去嵊州。不料误到了杭州汽车北站，只能先奔湖州，这就是茶缘。在去湖州的大巴上，大茶告诉我，他正在妙和山中炒制"妙喜茶"。同时短信回复我："静兄清福奇佳，乃冥冥中有茶香牵引而至。"是啊，择日不如撞日，爱茶的人相聚，都是那一抹茶香的因缘和合。更为惊喜的是这一刻，元白先生正从上海赶往湖州，舟山雯嫣也从宁波快到湖州了。这就是茶的魅力，让人从五湖四海，为了一个共同的目标，不约而同地走到一起来了。

好茶的沁慧来车站接我，然后，一起到山中去接大茶。初见大茶，沉稳清瘦，一身山岚清气，一手提着一兜刚刚出锅的妙喜野茶，一手拎着一茎带着露水的新鲜春笋，气定神闲，高古淡然，俨然有陆羽之风。

晚上，与大茶、沁慧吃油焖春笋。茶山的鲜笋，泛着茶的清甜。饭后与元白、雯嫣诸友茶聚青藤。试新茶，品旧茗，高朋满座，琴韵茶香。茶席上，由大茶兄主泡，用的水是温山新汲的山泉，因此，那晚的天目御白、罗岕岕茶、普陀佛茶、私藏的妙喜野茶，都是异常的甘美鲜爽、含英咀华。

第二天，与大茶去瑞福祥吃茶。先品新昌大佛寺开光的明前龙井，甜润可人；后品小汝亲手炒制的霞雾玲珑，清香异常。霞雾玲珑，形卷如螺，白中闪青，兰香幽芬。茶叙中，望着小汝手掌烫起的燎泡、灿然如花的笑靥，我心中有些感动。茶的苦，包含着炒茶人的辛勤劳顿；茶的甜，是一锅茶炒成后的盈盈笑颜。最后，以一道足火的老枞水仙收尾，暖胃驱寒。告别小汝，获赠一罐霞雾玲珑。拿茶在手，沉甸在心，这是一款可闭柴扉、扫竹径、松月下、对芳兰，需要息心静品的好茶。

与大茶在一起论茶，深感自己的肤浅。何为茶人？当人像茶一样，沉静清雅，淡洁无染，把苦涩在心里变成回甘，以冉冉的山野幽香，去熏陶别人，润物无声，始能相称。

在漫漫的茶路上问茶，实则是问友、问己、问心。是在漫目空翠、鸟鸣山幽间，反观内照，找寻曾经迷失在繁华都市里的清澈觉心。佳茗如禅，啜苦回甘。与大茶一起吃茶，我心生妙喜。茶的苦甘清芬，让我如同参禅，又怎可言？

湖州的深夜，入睡艰难。我反复思考着陆羽《茶经》的相关问题，一个"精"字，贯穿着《茶经》的主题。一个"俭"字，形成了茶道的核心。《茶经》开篇就强调了"茶之为用，味至寒，为饮最宜精"，"采不时，造不精，杂以卉莽，饮之成疾"。

由"饮之成疾"，我联想到舆论热议的农残问题。茶的农残，既是一个亟需管理的问题，又是一个众人觉悟有待提高的难题。谷雨前的茶，气温低，基本不存在虫害，也就不需要灭虫，农药的残留问题自然很少。而夏秋园茶，生态链薄弱，在高温多湿的条件下，虫害滋生自然严重。如夏秋产的各色茶，不施农药杀菌灭虫，根本不符合农作规律与茶园实际。只有少买或不买劣茶，没有了市场需求，劣茶自然会减少或停止生产。早春晚秋的茶，产量偏低，价格较高。若总想以低廉的价格，去购买不负责任的商家的茶，又怎能避得开农残呢？

对待夏秋茶可能存在的农残，不必要谈虎色变。目前茶园使用的农药，普遍低毒，易降解，且不溶于水。陈宗懋院士也在反复解释，微量的农残，并不一定有害健康。因此，不能因噎废食，更没有理由去埋怨辛苦的茶农。我常常告诫茶友："喝好茶，少喝茶，喝淡茶"，是喝茶的智慧。选择早春晚秋的好茶，身体力行地去抵制劣茶，茶产业才能实现自我修正，逐渐趋于完善。如此，方可有利于己，也利于茶。

曾从顾渚山前过

离开湖州，与大茶、沁慧、雯嫣诸友，驱车去长兴县的水口乡，谒拜了吉祥寺和大唐贡茶院。而后来到顾渚山，寻访做供近千年的紫笋茶，探幽关于紫笋茶的相关故事与历史遗迹。

顾渚紫笋，作为历史上品质最佳、持续时间最长的贡茶，从唐朝广德年间以饼茶开始进贡，到明代洪武年间罢贡，历经唐、宋、元、明四个朝代，其兴盛期长达605年。唐代的饼茶，是由历史上第一座皇家贡茶院蒸青碾压制作的，到了宋代，革新成为蒸青研膏的大小龙团。明代之后，就演变为炒青的条形散茶了。

大茶告诉我，顾渚紫笋的超凡脱俗，最早是僧人发现的。李清照的丈夫赵明诚，在《金石录》里记载："山僧有献佳茗者，会客尝之。野人陆羽以为芬香甘辣，冠于他境，可荐于上。"陆羽品完山僧馈赠的紫笋茶后，感觉甚佳，便向御史大夫李栖筠建议并推荐为贡茶。紫笋茶一到宫中，便受到了无上的赞美与欢迎。吴兴太守张文规诗云："牡丹花笑金钿动，传奏吴兴紫笋来。"

到了明代洪武年间，朱元璋废团改散，紫笋茶开始走向衰落。紫笋茶作为数百年颇受赞赏的贡茶，青翠芳馨，清冽深长，嗅之醉人，啜之赏心。它在明代，为什么会突然受到冷落？其中的缘由，是否与紫笋茶的"紫"字有关？

在隋唐时，宫廷以紫色为尊贵。唐代齐已的《寄情曾口寺文英大师》诗云："着紫袈裟名已贵，吟红菡萏价兼高。"但是，到了明代，因为皇帝是朱姓，所以官服和宫内的帐幔，开始禁用紫色。敏感多疑的朱元璋，是否因了《论语》的"恶紫之夺朱也"这句话，从而抛弃了紫笋贡茶呢？当然，我这只是猜测。在尊儒崇佛的明代，孔子的话是相当有分量的。朱元璋和孔子的论调，应该是一致的，他们厌恶和不希望紫色代替朱色，而成为正色。因此，紫色的物品，包括紫笋茶，因为有了"紫"字，便不再受到皇家待见。在清代，反清复明的文人，曾骂满清王朝是"夺朱非正色，异姓尽称王"。废掉作为饮品的紫笋茶，与维护朱姓皇家政权的合法和稳定性相比，又算得了什么呢？

带着对紫笋茶的思考，我走进了顾渚山的古贡茶园。茶园被遮天蔽日的翠竹围合着、覆盖着，近人高的古茶树，丛丛簇簇，自由散漫地生长在沟壑边、竹根旁、碎石间，与杂草、灌木、藤蔓混生错杂着。古茶山的松风幽径、迤逦气韵，也只有用张旭的诗来形容了。其诗云："山光物态弄春晖，莫为轻阴便拟归。纵使晴明无雨色，入云深处亦沾衣。" 千百年来，隐迹于翠竹幽篁、甘泉细流间的古茶树，其生态、环境、植被、土壤等，的确高度

顾渚紫笋茶的笋芽

契合陆羽《茶经》对紫笋茶的描述："上者生烂石"、"野者上"、"阳崖阴林"、"紫者上"、"笋者上"、"叶卷上"。

这些古老的紫笋茶，目前主要分布在顾渚村的桑坞岕、高坞岕、竹坞岕、狮坞岕、斫射山一带。我仔细观察过，古茶园的野生紫笋茶，基本生长在山之阳、烂石上、溪涧畔、竹林中，茶树高低、粗细、大小不一，茶树的根部丛生着野草杂花，土壤疏松肥沃。再看那些留着雾气水滴的茶树，新芽呈春笋状，嫩叶向后被卷着，笋芽比第一叶长出许多。另外，紫笋所谓的"紫"，并非现代人误以为的单纯紫色。我穿行于古茶园，通过对数万株野生紫笋茶树对比发现：紫笋茶的"紫"，是特指如破土新笋状的初萌芽头，而非是指叶片。芽笋呈现的那种紫，应是淡淡的粉红里透出的微微紫韵。等新芽成长为叶片绽开后，芽头的微紫色，就会逐渐消褪。紫笋的"笋紫"，与红心铁观音的"红心"、白芽奇兰的"白芽"一样，都是新芽初萌的茶树品种特征。

紫笋茶芽新萌的紫韵，既不像西湖龙井、碧螺春的群体种，在阳光下变异后，呈现芽叶永不褪去的紫红色；也不像云南高原上浓妆艳抹的紫芽和紫鹃，呈现的那种浓浓的深紫色。顾渚紫笋的"紫"，是一种含蕴着诗意变化的品种特征，并非是花青素在强光下的增加、变异所致。另外，花青素含量高的紫色茶，因滋味苦涩，干茶外观微黑，是不适合做贡茶的。古代贡茶的"五选八弃"里，就有"弃色紫"的严格规定。

冠于他境的紫笋茶，因为有茶圣陆羽的推荐，而成为历史上最著名的贡茶。生态优美的顾渚山，又因出产贡茶而闻名天下。又因为紫笋茶，仅在唐代就有28位刺史被吸引到顾渚山来。我们耳熟能详的还有：颜真卿、皎然、皮日休、陆龟蒙、杜牧、白居易、刘禹锡、苏轼、陆游等等。

张大复在《梅花草堂笔谈》里描述紫笋："松萝之香馥馥，庙后之味闲闲，顾渚扑人鼻孔，齿颊都异，久而不忘。"由此看出，张大复认为紫笋茶，在明代是好过松萝和岕茶的。许次纾引姚伯道云：明月峡的紫笋茶，"其韵致清远，滋味甘香，清肺除烦，足称仙品。"至于过去的紫笋茶如何迷人，我只能艳羡于古人的描述，已无法亲自体会。如今，我在古茶园寻到的紫笋茶，已经改为烘青绿茶了，但其香气依然清冽幽微，乳嫩清滑，馥郁鼻端，能与醍醐甘露抗衡。野生紫笋的那种清凉感觉，如杨万里诗中所言："竹深树密虫鸣处，时有微凉不是风。"

千古清芬，绵绵余韵的紫笋茶，而今已成过眼云烟。时至今日，紫笋青芽谁得识？但茶仍然是茶，不失本分。春来发几枝，清香犹在，妙韵永存。节同时异，茶是人非。南宋曾几有品紫笋的茶诗："不持新茗椀，空杜故人书。"历史若无更替轮回，贵为贡茶的曼妙紫笋，怎会是我杯中的一片绿、心中的一抹香呢？

今年的霜降，我又一次从顾渚山前走过。在大唐贡茶院的清风亭前，与双且、老崔、都雪等友，新汲金沙泉水，瀹泡我在古茶山

茶味初见

亲手炒制的紫笋野茶，清甜香幽，真是应了汪士慎的诗句："共对幽窗吸白云，令人六腑皆清芬。"不过，良辰美景再让人留恋，此时的茶、水、人、景、物，都是充满禅意的一期一会。

安吉茶山又逢君

与郑雯嫣长兴别过，我和大茶、沁慧，一起又去安吉问茶。

安吉建县于公元185年，是由汉灵帝赐名，取《诗经》"安且吉兮"之意。我最早知道安吉，是看了李安的电影《卧虎藏龙》，影片中那片碧绿无垠的壮阔竹海，让我对竹林掩映的安吉充满着期待。

雨雾中，我们先到了溪龙的白茶园，一碧万顷的茶山，山势葱茏起伏。沁慧指着茶园中白墙黛瓦的别墅告诉我，那是电视剧《如意》中的谭家大院，那个位置就是号称白茶第一村的黄杜。《如意》我没看过，听说是一个充满茶香的爱情故事。

茶山的空气新鲜，我深吸一口，甜丝丝的凉润。眼底雾气中的茶芽，清灵娇黄。金黄嫩白的叶片上，叶脉如翡翠的翠根渐变散布。芽翠如花，叶白如玉。放眼远处，娇黄的油菜花，一片片地盛开，鲜亮的色彩与茶山的翠绿，自然混搭得美丽无双。薄雾中连绵起伏的山峦，有几枝水红桃花掩映在山脚，像吴昌硕先生洇

湿的丹青写意。这片茶山,那片桃花,墨痕深处,是昌硕老人熟稔的故乡情深。

我们离开溪龙茶山,去恒盛茶厂找大锁喝茶。见面拿出的招待茶,是级别较高的天目御白和头采的安吉白茶。一清茶事的钱群英说过,用月白色的龙泉青瓷杯冲泡安吉白茶,最能表现出该茶的玉色娇白。当然,也可用玻璃杯子,以赏杯中的妙曼茶舞。

头采的安吉白茶,色调翠黄,不似后期的翠白,但比后期的茶要香细清甜。其特有的芽形,稀有的兰蕙香与鲜爽香,常让我想起深山的淡竹掩雪,幽谷里的竹影娑婆。安吉白茶,是绿茶中最有诗意、最具娇色的茶。

不久,大锁又拿出他新做的茶来,我顿觉眼前一亮,未饮已是欣然。看着干茶的卷曲玲珑,黄白隐翠,心生欢喜。细嗅干茶,甜馨的兰花香浓。便问大锁兄,此茶有多少?大锁说第一天做了八斤半,明天能做四十余斤。我贪心又起,笑着说:"茶色如玉,其香若兰,其味似乳,其形蜷曲,白中泛金,翠中有韵,取名玉玲珑吧!这两天的茶我全要了。"大锁顿露喜色。我心中明白,辛苦踏实的做茶人,当茶品被迅速认可时,是最感幸福与欣慰的。

我取玉玲珑三克,用中投法瀹泡。即先在杯子里倾倒三分之一的水,尔后投干茶,最后再注水至茶杯的合适位置。沸水杯泡,茶汤入口，果然惊艳，回甘甜润，香气若兰，似玉米蛋花汤的细腻清鲜。观杯中叶游于水，翠白隐绿。品啜可口，赏鉴悦目。等茶汤凉了，冷品水香清远，颇有韵味。

今春的安吉白茶，前期遭遇阴雨连绵，茶青含水率高，如采用白茶的常规烘青工艺，做出的茶青气重，茶汤会苦涩味显。而玉玲珑采用了传统的高温滚筒杀青，茶青的叶张杀得比较透彻，低沸点的青草味物质能够全部挥发出来。并且在瞬间高温杀青后，干茶自然卷曲似螺，最大程度地保留了茶的原色，保持了鲜香的茶氨酸等不被破坏。

下午，我在茶厂接受了《浙江壹周刊》的采访，高度赞赏了玉玲珑的传统工艺。我说：玉玲珑是迟暮的白茶市场上，升起的一道绚烂彩虹，是白茶市场上同质化剧烈竞争突围中的亮剑。一款未来值得期待的新茶，一定是靠近传统的创新，也是继承优秀工艺基础上的厚积薄发。像这款玉玲珑，既能最大程度保留了茶中呈味物质的鲜美，又因为敢于高温杀青，久饮不会有害胃肠。

相对于市场的某些创新茶，为营造外观的秀美与颜色翠绿，大多采用了低温杀青工艺。为掩盖低温杀青造成的青气和苦涩，又采用了高温干燥的提香工艺。这类茶的外观，的确翠绿养眼，干茶香气也高，但在瀹泡时就会原形毕露，苦涩、汤绿、有青气，久饮刺激肠胃。很多人道听途说的绿茶伤胃，就是这类绿茶形成的阴影与恶劣影响。

茶是用心喝的，不只是用眼看的。好的口感与翠绿鲜艳的干茶外观，正如鱼与熊掌不可得兼。好事不必苛求成双，不完美才是人生的真实。此岸与彼岸的风景各异，如何正确地选择决断，考验的是内心升起的智慧。人间正道是沧桑。茶也如此，一款有传承有底蕴的佳茗，自然也会脉脉而语，就看我们能不能听懂。

安吉白茶是白叶茶，它是一种珍罕的低温敏感型变异茶种，其阈值约在摄氏23℃左右。以原产地安吉为例，春季低温，因叶绿素的缺失，清明前新萌的茶芽偏白。在谷雨前颜色渐淡，多数呈玉白色。谷雨后到夏至前，逐渐转为白绿相间的花叶。夏至以后，芽叶恢复为全绿，与一般绿茶无异。

安吉白茶属于绿茶，是因为它采用了绿茶的烘青加工工艺，其白在叶。而传统的工艺白茶，像白牡丹、白毫银针，采用的是不炒不揉、凋萎干燥、轻微发酵的工艺，其白在毫。武夷岩茶中，还有一种滋味清美的白叶茶，名叫白鸡冠，已经属于乌龙茶的范畴了。

安吉白茶，高氨低酚，香高味鲜。冲泡时，似片片翡翠起舞，表里昭澈，又如玉之在璞。饮此茶，我常想起有凌波仙子美誉的水仙花。二者都具仙骨，清寒雅致。借水而开时，香远益清。那"水中花"，淡雅的可让人失去欲望，倒有在花下安眠的心思了。细究起来，也只有《红楼梦》中的史湘云，能安然地头枕落花囊，卧于落花雨下了。

安吉白茶，淡洁清雅，如花似玉。它可远观，可静赏，有兰之幽，而少孤傲；似梅之洁，却无清寒。一如从西子湖畔、断桥残垣走出的白娘子，衣袂飘飘，凌波微步。

初识安吉白茶，微醺仙风道骨，妙得淡中滋味，安且吉兮。

茶煎谷雨落花春

2011年，在谷雨的前一天，我离开云南的建水古城，经墨江、思茅、抵达勐海。

建水古城素有"文献名邦"、"滇南邹鲁"之美誉。我久居江北，小时候听刘兰芳的评书《岳飞传》，讲的是宋代金兵南侵，宋高宗赵构一味苟安求和，升杭州为临安府，后迁都临安。临安

即是现在的杭州市。

建水古代也叫临安，最早知道这个名字，还是精于刻陶的利烽告诉我的。去建水问陶，我常住在静庐，在这个清幽古朴的四合院里，荷塘边，紫竹下，布席吃茶，抚琴弄墨，谈茶论陶，意趣无尽。

建水古城，有着1200多年的悠久历史，民风淳朴，文脉深厚。明清开科取士，有时云南一榜举人中，临安的学士竟占半榜之多，故又称"临半榜"。

我慕名去古城的西门，吃炭火上的烧豆腐，确实美味。到最有名的大板井，品过古井的泉水，方明白建水的豆腐为什么如此的鲜嫩酥香。

大板井水甘味洁，有"滇南第一井"之称。我置身古井旁，看着青石井栏上，被打水的井绳积年累月勒出的凹槽，或深或浅，光滑明亮，是等闲变却，是沧桑流年。

我用矿泉水瓶，汲满大板井的泉水带回客栈，瀹茶顾渚紫笋，果真是传说中的水甘鲜醇，清冽异常。用唐代的古井水，瀹泡大唐曾经最知名的贡茶，山野幽芬，香清甘活。旧时的水，明前的茶，途中的我，在千年的流光里，他乡遇故知，我似乎感受到了"春回顾渚雪芽生，香味尤以秘水烹"，品到了隔世经年的幽幽茶香。茶烟轻扬，落花风中，曾从临安城中过，大板井水瀹紫笋。

一个城市，有好水才会有美食。水为茶之母，茶性必发于水。好茶于此瀹泡，就会尽显灵性和异香。而被泉水滋养着的人，内心和善，神情甜美。"临半榜"的才情，像古井的水，清澈新鲜，静水流深。文以载道，泉以常流。

诗写梅花月，茶煎谷雨春。谷雨这天，我又一次来到勐海。在这里，除了和岩文兄喝茶，就是去拜访几位勐海的茶界前辈。朝晖夕阴里，我在竹楼上煮水煎茶，当风沙沙地拂过窗帷，耳畔仿佛有《月光下的凤尾竹》的旋律萦绕。

勐海是普洱茶的摇篮，也是世界茶树的发源地之一。当最北方的崂山绿茶初绽新绿，刚刚具备采摘条件的时候，勐海茶区的古茶树已无芽可发。天旱不雨是重要原因，谷雨节气的来临，也是普洱春茶季结束的标志。当然，云南的雨前茶，不能误读为是谷雨之前的茶，它是以春天下第一场雨、进入雨季为分界，之后所采的茶，就属于夏茶了。

世人论茶，首尊明前。岂不知当下对明前茶、雨前茶的习惯定义，是根据江南茶区的气候条件划分的，而季节，并非是一个界定茶质优劣的普适概念。

雨前茶，是指谷雨以前采制的春茶，又叫二春茶。此时雨量充沛，温度适中，滋味鲜爽，香高耐泡，性价比好。谷雨当日采制的茶，谓之谷雨茶，民间尤为珍视。林和靖诗云："白云峰下两旗新，腻绿长鲜谷雨春。"谷雨茶得先春时令之气，寒而不烈，消而不峻，传说有起死回生、轻身不老的特殊功效。唐代陆希声有《茗坡》诗："二月山家谷雨天，半坡芳茗露华鲜。春醒酒病兼消渴，惜取新芽旋摘煎。"讲的就是谷雨茶能解酒毒，并对消渴症即糖尿病有较好的治疗作用。清代王草堂的《节物宝典》也记载："谷雨日采茶，炒藏合法，能治痰及百病。"

谷雨，谷得雨而生也。农谚说得好："清明断雪，谷雨断霜。"谷雨之前，昼夜温差大，平均气温低，茶细嫩甜，病虫害少。但谷雨过后，时近暮春，雨阴沉沉，气温渐高，茶趋苦涩，虫害增加。若此后的茶青不再采摘，新茶就不会有农残担忧。若茶树不分季节的过度采摘，轻言不施农药化肥，肯定是弥天大谎。国内的几个名优绿茶产区，像西湖龙井、顾渚紫笋、碧螺春等，茶农一年只采一季春茶，不再做夏秋茶，因此，谷雨前后，茶农立即就对茶树进行全面台刈，养树育芽以待来年。这样的茶，怎么会存在农残之虞呢？

人类的一切苦难，都源于自视过高。忽略了节气的力量与制约，对自然干涉、索求过多，身后有余忘缩手，等到"眼前无路想回头"了，一切已为时过晚。人类文明发展得越快，就意味着其束缚和破坏力愈大，这不能不说是一种巨大的悲哀。

晚唐著名诗僧齐己，共留下三首与谷雨有关的茶诗。其中一首我常常诵读："春山谷雨前，并手摘芳烟。绿嫩难盈笼，清和易晚天。且招邻院客，试煮落花泉。地远劳相寄，无来又隔年。"诗中表达了雨前茶的娇嫩与稀少。佳茶必择好水泡，不是名泉不合尝。他试着用落花泉的水瀹茶，与隔壁的客人一起分享茶汤里的芬芳。

唐代贯休也有诗："带香因洗落花泉。"说起落花泉，在我生活的泉城也有一处。泉水从岩壁上渗出，轻轻地滴落在狭小的泉池内，激起圈圈涟漪，犹如落花而得名。泉美茶香异，堂深磬韵迟。不久之前，我与亚伟、海燕、女儿漱玉，专程去落花泉边煎水泡茶。泉水甘冽，茶汤细滑，杯底花香，悠远深长，异于平常，难道是因了泉水的落花之名？

落花泉，在济南是个四季皆美的好地方。未雨草常润，落花泉带香。谷雨过后，炎热的夏天就要来了。至味心难忘，闲情手自煎。届时再约好友，去泉边布席吃茶。临泉喝茶适于消夏，煮茗聆清风，酌杯对花语，何尝不是一种风雅？

立夏

桐木探香韭春窝
胜日寻芳建水陶
夏染春色暑尚微
紫陌红尘初夏饮

桐木探香韭春窝

喝好茶是一种清福，无疑是轻松自在的，而欲把茶做好，却是需要付出辛苦和诸多努力的。谷雨之后，为了让好友们体验一下做茶的全过程，我带领着济南的素心、于姐、兆华、苏涵，又一次走进了桐木关。

桐木的茶季，阴晴不定。第一天还阴雨连绵，第二天却又风和日丽。昌辉做向导，我们一行六人，带着饭菜，攀山越岭四个小时，才登上桐木关的野韭菜窝。野韭菜窝，海拔1400多米，崖蔽轻雾，林深芊绵。充盈着山野之气，有着苔藓丛韵的私房茶"韭春"，就是由山顶的野茶发酵精制而成的。

烟雨蒙蒙的桐木关

老丛茶树的根部

"韭春"的缘起，有段精彩故事。那是2009年的五一节过后，我与国内八名茶友，相约来到桐木关的老温家，在温永胜先生的指导下，参加亲手制作金骏眉、见证金骏眉的一个活动。当时的参与人有：武夷山的王映霞、郑州的清欢、北京的蓬蒿、福建的拙饮等友。

在桐木关尽情喝茶的那个夜晚，清风习习，山川寂寂。当我品到野韭菜窝的那款野茶时，顿时眼放异彩。金黄油亮泛着琥珀光泽的茶汤，甜润里夹裹着苔藓丛味的竹木清香，柔韧肥厚的叶底，竟微微散发着野韭菜的花香。我忽有所感地对清欢说："春来长有探春人，《红楼梦》里有见之忘俗的探春，这款茶按照出身和香气命名，应该叫韭春了。"韭春，是我用心找到的第四款桐木关野生老丛红茶。其他三款分别为红袖添香、携谁隐和自甘心。

在去政和问茶的路上，我把四款茶的名字，一一嵌入诗中："饮罢夜雨剪春韭，红袖添香夜读书；孤标傲世携谁隐？竹篱茅舍自甘心。"九华山茶会上，记得迎新对我说："携谁隐的香气，淡淡幽幽，最是平和，名字取得也好。"其实，最满意的，要数红袖添香。最契合我心性的，还是自甘心。

野韭菜窝，在山的最顶部。从山底到山顶，竹密林茂，溪流淙淙。沿途有数棵高大的红豆杉树，遮天蔽日，衰叶覆路，人迹罕至。山里忽阴忽晴，忽惊云雨在头上，却是山前晚照明。我们一路攀山，须拄杖助力，穿竹林，过小溪，苔湿露冷，深一脚浅一脚，举步维艰。上山容易下山难，当我们踉跄下山时，没有不滑倒和摔倒几次的，好在小路上的竹木落叶厚实软和。

山顶的野生茶树，零散分布在竹林和松树之间，枝柯扶疏，遍布着苔藓地衣，绿如春草，千姿百态，极尽原始沧桑之美。茶树尽得自然竹木清气，熏染山野的兰卉草芳，溶于一盏清透的茶汤，具足了佳茗的春色清芬。这里的野生茶树，有些可能已经变异，普遍高大粗壮，树高四五米者比比皆是，有些成熟的叶片大过巴掌。我仔细观察茶树的根部，树龄高达百年以上的老丛，触目皆是。

来自济南的四个朋友，不仅是第一次采茶，也是第一次走进桐木关。从繁华都市突然置身于空旷青翠的原野，表现得特别好奇与兴奋。尤其是穿行于花木、草丛中采茶，自有一番热闹和乐趣。攀援拉扯，俯仰腾挪，十八般武艺全部使出，也采不了多少茶青，可见野茶的采摘之难。我告诉他们，采茶也是修行，要有慈悲心，更要手下留情，不要把一棵树上的新叶全部采光。莫看干枯身寂寞，春来嫩叶又盈枝。适当留下一些新梢，利于茶树的自我修复和健康成长。

当野韭菜花开遍姹紫嫣红的山野，高海拔的韭春始能采摘。饮罢夜雨剪春韭，是我渴望的田园生活。能把自己隐身草泽，让内心归隐林泉，如此固然不易，但若有一壶"韭春"相伴，山涧的花蜜香气馥郁，原野的清芬丛韵正浓。清雅无争中，口齿噙香，可放浪形骸，亦可陋室发呆。守住心性，做个闲人，任尔滚滚红尘，我自朗月清风。

胜日寻芳建水陶

每年的无上清凉茶会，精于茶器设计的砚田兄，都会送我一只别具特色的品杯，有他惠风窑烧造的青瓷盏，也有他去建水刻绘、烧造的紫陶茶杯。

在一次小范围的茶聚上，我和小汤、鲁红，在品鉴一款陈期五年的老曼峨时，发现本来以苦著称的曼峨古茶，茶汤在砚田赠送的紫陶杯里，突然变得柔滑而顺口，苦涩度降低了很多。当时，我们均感觉不可思议，马上用清代的青花茶杯重试，经反复比较同一泡的茶汤发现：老的青花瓷品杯，可以提高茶汤的柔软度，而对茶的苦涩滋味，并没有多少改善。

我再泡武夷岩茶，继续比较两个品杯对茶汤的影响和变化。通过仔细比对证实：二者除对汤感有所改善外，对苦涩度的改变相差不大。从此以后，我开始关注建水紫陶与普洱茶的神奇关系，便决定等茶季结束，再去临安古城访陶。

结束了江南茶事，瞥一眼苔水碧流的南浔，作别水蘸桃花的杭州，我甚至来不及做一个六朝繁华的脂粉旧梦，便匆匆远飞云南，从昆明南站坐汽车，重访临安古城。

这临安可不是古杭州的临安，两个古城远隔千里，却有着类似的江南气质与底蕴。诗人于坚这样描写建水："你家的竹子是我家窗子前的水墨，我家后花园的桃花，是你家前厅的小景。"古城的建筑，一样的翘檐引云，同样的幽窗临月。走在静穆的青石板路上，若不是这里的云更白天更蓝，我定会只把云南作江南，堕入翠竹黄花间了。

从历史悠久的建水古城，到炉火千年的碗窑古村，大概只有三公里。沿路的古窑和满地的陶砾碎瓷，诉说着这个窑火里烧出来的古村落、那段少有人知的水火剥蚀的历史。这里宋代烧过青瓷，元代烧过青花，明代盛产粗陶，到了清代，山里的五色土烧出的紫陶，已是五彩缤纷、目不暇接了。

建水的文脉深厚，源远流长。随便找个做陶的人，都能粗通诗文书画。我眼中才华横溢的半根先生，在能文能武的陶人中，还算不上佼佼者呢！可见滇南礼乐名邦的文风浩荡。

在半根先生的陶作坊，我看到陶人们每做一件器皿，都要经过镇浆制泥、手工拉坯、湿坯装饰、雕刻填泥、高温烧成、无釉磨光等复杂工序。工艺高超的师傅，能够从五色陶土的选择匹配中，大致能猜出自己想要的绚烂肌理效果。传统建水紫陶的最后抛光

工序，是用本地自产的白色细腻的鹅蛋石，一点点磨出其腻若脂的琼玉光泽，而做好这道工艺，需要的是"铁杵磨成针"的体力和毅力。

近年来，建水紫陶的茶器装饰，已婉约融入了诗书画印的技艺。古拙朴厚的金石意趣，让紫陶茶器文韵盎然，魅力独具。与宜兴紫砂相比，建水紫陶是手拉坯成型，而宜兴紫砂，因陶土里含有石英砂颗粒，其工艺只能打片镶嵌成型。同为优良的泡茶器具，建水紫陶更适合瀹泡、品饮普洱茶，它可使熟普的茶汤濡滑甜润，臻于完美；能使生普的茶汤，降低苦涩，滋味协调。

我通过长期的实践和比较认为：陶器对水质和茶汤的改善，取决于陶土含铁量的高低，以及陶器烧造的还原温度与气氛条件。高温条件下烧结的茶器，还原出的铁磁性物质的品位高低，影响着水分子团的极性和大小。建水紫陶较高含量的铁磁性成分，通过磁化软化作用，可使构成茶汤的水分子团，裂变为更小的一级，因此茶汤会趋于更甜更软。另外，建水紫陶具有的良好透气性、吸附性，能明显改善、降低茶汤的苦涩滋味，扶正而祛邪。

关于建水紫陶对普洱茶汤的改善，其他尚未参透的玄机，让我想起慈眉善目的姥姥给予我的启迪："一方水土滋养一方人。吃饺子要喝饺子汤，原汤可化原食。"诸如此类的看似寻常的生活智慧，不需要费心证悟，只要妙处闲寻，心领意会，便可受益终生。

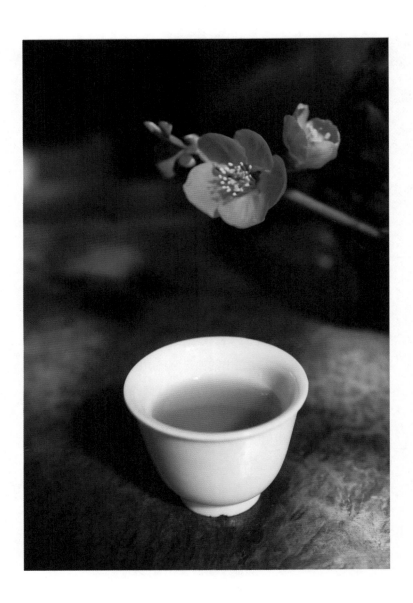

天下的万物，都包含着阴阳的变化及相生相克。自然界中，凡有毒物出没的地方，十步之内，必有与它相克的解药。彩云之南的厚土高天，滋生着普洱茶的味最酽。与它同在一片天地上的陶土，烧成的茶器厚德载物，焉能化不掉"本是同根生"的普洱茶的苦涩滋味？正所谓："茶山之英，含土之精；饮其德者，心恬神宁。"

建水紫陶和云南普洱茶，是游子与故乡的关系。一个疲惫的游子走遍天涯，心灵却很难走出自己的故乡。

比如我，疲惫辗转数年，人生已是日暮斜阳。近年来，却特爱回忆故乡的老屋石磨、庭院矮墙。故乡是一个能够疗伤的地方。建水紫陶和普洱茶，无论在哪里碰到，都是他乡遇故知。真物相生恍惚中。二者相滋相泡，彼此成就的，是一盏天造妙设的醇厚茶汤。

夏染春色暑尚微

孤姿妍外净，幽馥暑中寒。当洁白的栀子花，悄悄地开满枝头，意味着夏季来了。我常对学生说，栀子花开的奶油香，清新细幽，无风忽鼻端，很近似高等级茶里特有的淡淡奶香。上好的铁观音、凤凰单丛、台湾高山乌龙、武夷岩茶的名丛等，一般都能在开汤之初，捕捉到类栀子花开的幽微香气。

丽景烛春余，清阴澄夏首。红了的樱桃，微酸着枝的青梅，是春尽的余韵。绿了的芭蕉，枝头的残花，摇曳着初夏的清凉。梅花雪，梨花月，总相思。自是春来不觉去偏知。娇嫩的江南绿茶可人，已随春天的红紫芳菲歇去。云南的老寨山深，春去后的大叶种茶树，再抽新芽，却是苦涩滋味较重的雨水茶了。武夷的九曲溪畔、天心庙后，苍郁葱茏的牛栏坑肉桂，等新抽出的春梢，驻芽三四叶后开面采摘。立夏前后，是武夷岩茶、桐木红茶最忙的茶季。山涧里，人头攒动；岩茶村，车水马龙。到了晚上，更是家家挑灯夜战，通宵达旦，赶着把当天的茶青做成毛茶。此时的九曲、桂林岩茶村的空气中，始终浮荡着做青散发出的醉人清香。

武夷山的三坑两涧（三坑通常是指慧苑坑、牛栏坑、大坑口，两涧是指悟源涧、流香涧），是正岩茶重要的核心产区。传统的三坑两涧，不是很具象的某一个坑或某一条涧，而是指三坑两涧大概能覆盖到的地域。例如倒水坑，从地理上讲，它是慧苑岩的支流，应该并入慧苑坑更为合理。

荼蘼不争春，寂寞开最晚。晚有晚的韵味。在武夷山的岩谷狭缝间，山岚缭绕处，有一种茶，大概要推迟到小满节气开采，我们习惯叫它"不知春"。"不知春"的茶名甚妙，是春天疏忽了它，还是它忘记了春天呢？

相传的"不知春"茶，是在天游峰的谷雨后，被一个书生发现的。那书生对着淡定不争的茶树，触景生情地慨叹："春过始发芽，真是不知春。"从此，"不知春"的美名，不胫而走，名扬四方。

好茶，不必去争春斗艳，能耐得住寂寞的，自会蓄积更多的清香妙韵，在适合自己的季节里尽情绽放。大器晚成自风流，何必去挤春天的早班车呢？人生当如"不知春"，自己的日子自己过。每个生命个体的自主选择，都值得尊重。

清康熙年间，王草堂《茶说》记载："武夷茶自谷雨采至立夏，谓之头春。约隔二旬复采，谓之二春，又隔又采谓之三春。头春叶粗味浓，二春、三春叶渐细，味较薄，且带苦味矣。夏末秋初，又采一次，谓之秋露，香更浓，味亦佳。但为来年计惜之，不能多采耳。"王草堂的记述，应处在武夷绿茶向乌龙茶过渡的时代，因此，过去的武夷茶可能存在着多次采摘现象。今天的武夷正岩茶区，包括桐木关的正山小种红茶，为保证茶的品质，一年只采一季春茶。

无独有偶，曾贵为明清第一贡品的岕茶，其采摘制作时间，也是在每年的立夏前后。冒襄《岕茶汇抄》说："岕茗产于高山，泽是风露清虚之气，故为可尚。茶以初出雨前者佳，惟罗岕立夏开园，吴中所贵，梗粗叶厚，有萧箸之气。还是夏前六七日，如雀舌者佳，最不易得。岕中之人，非夏前不摘。初试摘者，谓之开园。采自正夏，谓之春茶。"江南才子冒襄，是资深的岕茶爱好者。他说：岕茶山高露冷，立夏前后采的，仍是春茶。立夏前六七天，茶的品质最好。董小宛为他泡出的岕茶，素水兰香，竟有一股婴儿肉香。此"婴儿肉香"，其实是茶氨酸含量较高的早春茶的品质特征。

昨日晴暖，我细品了大茶兄惠赠的夏采岕茶。干茶、汤色、叶底三色碧绿，饮后，茶气勃勃、清洌苦甘，稍具芝兰金石之性。"人无癖不可与交"的张宗子，在品完闵老子的岕茶后说："这茶香气扑烈，味甚浑厚，此是春茶呀！"

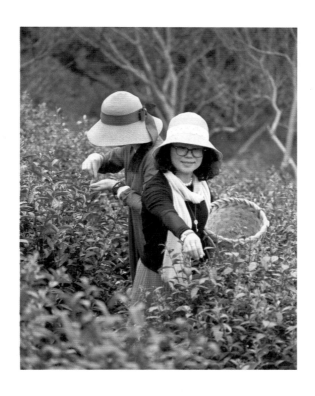

"香幽色白味冷隽"的岕茶，我们已无缘去原汁原味的体会，更莫论奇妙的"作婴儿肉香，芝芬浮荡"的感觉了。岕茶的传统制焙工艺，已失传于雍正年间。道之不存的，不惟有茶。对待岕茶的粗糙外观，包括闵老子、冒襄、张岱、董小宛、钱谦益、柳如是等人，他们几乎是视若不见，这些别茶人，基本都是以质取茶、以品论茶，并没有崇芽贵貌的分别心。他们看重的，是岕茶"梗粗叶厚"的浑厚滋味，以及岕茶的被褐怀玉、幽人自芳。

古人并没有猴急地去吃喝春茶，相反，今天的茶农、茶商，都在不择手段、无节操地炮制春茶，或打催芽剂，或拿川贵茶、早熟的乌牛早，来冒充开采较晚的西湖龙井、碧螺春等，如此，贩卖的已不是纯粹的茶了，更多的是种无药可医的焦虑与不甘心。

由此可见，好茶并不独属于春天。从春到夏，通过两季的春泽养深，流水香浸，点滴富集，聚气凝香，孕育着岩茶、岕茶等滋味的厚泽深长。一盏好茶，如同有滋有味的生活，需要放慢节奏去细细体会。稍慢一点，多好呀！可把生命相对地拉长。

梨花落尽，春色无多，夏木阴阴正可人。立夏后，暑热渐长，春茶火消，是该喝绿茶的季节了。借得春绿染夏梦，又得浮生一日凉。

紫陌红尘初夏饮

连雨不知春去，一晴方觉夏深。立夏已三日，我竟然无觉，时间过得真快。泉城花木青翠，细雨轻烟。胜景中，我和朋友们焚香瀹茶，在品一款桐木关的小种生晒茶。

这款茶，干茶青白，气息幽深，喝起来酸酸甜甜，香馨芳幽。茶友们品完高兴地说："这茶的滋味和气息，不就是《山楂树之恋》里静秋的清纯明媚吗？"我答道："清甜中微酸而又有点青涩的滋味，是像初恋的感觉。但叫静秋太具体了，还是叫'山楂树之恋'吧！"

这款妙意深长的茶，是三年前，我在桐木关做茶的一次失误中诞生的。我清晰地记得，茶青是立夏后，在一个桐花盛开着的高海拔山场，按照一芽一叶的标准严格采摘的。当时的鲜叶，大约采了二十余斤。

下山的路上，大雨滂沱。我回到茶厂，便把两袋茶青，堆放到萎凋室的一隅，匆匆地换衣吃饭去了。其后，又是一如既往的与朋

友们品茶、评茶。待到深夜，我才猛然想起那两袋茶青。等急匆匆地打开袋子摊晾时，发现茶青已经有点轻微发酵了。我愧疚地抖而嗅之，茶青粘粘的，酸而不馊，微酸中竟有幽微的奶香味道。我当时就想，既然做不成红茶，不如顺其自然，凋萎生晒，做成白茶。失败为成功之母，中国茶的制作技术与茶类的延伸扩大，不都是在偶然的失误中向前推进、发展的吗？

我把这款茶带回济南，一个月内品饮，青气重且微涩。两个月后，青涩退去，茶汤酸酸甜甜，乳香幽幽，有山楂膏的味道。次年的五台澄观茶会，在山西太山的龙泉寺，我用龙潭的泉水瀹泡，此茶微酸中细幽的妙韵甜香，令人愉悦青目。寺庙的主持恒锋法师说："这是一款令人心生波澜、幽微耐品的妙茶。"

去年的清明，我和丰年兄结伴问茶安吉。用白叶一号茶青，按照曾经失误的方式如法炮制，制作了两批晒青白茶。有趣的是，鲜叶萎凋后，没有经过轻微发酵的晒青白茶，半年后青气不退，苦涩偏重。而鲜叶经过湿闷发酵，酸味中带有淡淡奶香的茶青，其做出的干茶，一个月后青涩退去，茶汤依然酸甜悦人，十水后，淡淡的乳香犹存。

借鉴白茶的工艺，我用安吉的白叶茶，做出的晒青白茶，是名副其实的安吉"白茶"。与烘青工艺的安吉白叶茶相比，晒青白茶的耐泡程度，要高出两倍以上，转化出来的幽淡香韵，实在不可思议。曲径通幽。对茶的认识和探索，我们还在路上。不走点弯路，怎会看到不一样的风景呢？

窗前的紫藤花开了，藤萝垂蔓，浓浓淡淡。茶斋里，清供着一盘麦黄杏与红樱桃，红黄烂漫，煞是养眼。我用老铁壶煎水，小银壶瀹泡前年的"韭春"，招待来自云南、宜兴的茶友。两载的沉寂和静养，"韭春"的火气退去，入口更加醇厚与甜畅。金黄油亮的茶汤，犹如桐木关的春天里，山野竹木草花间漏下的细碎阳光。

古人认为，用金、银茶瓶煎出的水，味道最佳，谓之"富贵汤"。宋徽宗煎水"瓶宜金银。小大之制，惟所裁给"。唐末苏廙在《十六茶品》里说："汤器之不可舍金银，犹琴之不可舍桐，墨之不可舍胶。"《后唐书》也有记载："水穿金银若涓滴，不舍茶香之涣散。"茶性本俭，富贵汤于我，如浮云耳。使用铁瓶银壶，我只是手追心慕古人的风雅，品茶还是得真味、知茶意为重。

我平时吃茶，长于佳茗淡泡，注重茶性的寒温相宜、中正平和。"韭春"性偏温润，便辅以茶性偏寒的"暗香盈袖"伴饮。"暗香盈袖"陈放济南，虽不足十年，但已汤色橙红，油亮通透。此茶厚重，喉韵深长。三水涩味退去，回甘迅猛。齿颊留香，舌底鸣泉。有人说，此茶仍存涩味，云南大叶种的茶青，本来茶多酚含量就高，没有涩味，何来的生津呢？

茶浓香短，茶淡趣长。品茗茶淡香远，淡中知味，益于养清静之和气。我絮叨一番，仍未能说尽茶意。知茶味者，莫若隐居终南山的如济兄，还是读读他新赠我的茶诗吧！诗云："莫道茶味淡，樱桃有娇颜。铁瓶新汲水，玉盏捧纤纤。"

小满

初夏听雨闲品茗

蜜脂泉瀹宝洪茶

桑葚红了有盈满

九华甘露境闲闲

初夏听雨闲品茗

济南的雨夜，湿寒气清，蒙蒙漠漠更霏霏。雨打窗棂，点点滴滴生涟漪。

夜深寂静，我拿出冯娟寄来的甜白釉茶杯，娟秀的"清塘"底款映入眼帘。这款玉兰花口杯，一手在握，如盘和田白玉，细腻舒滑。釉白酥润，杯形精神，已臻古人对甜白釉的形容："白如凝脂，素犹积雪。"

我喜欢甜白釉那种滋润的白，不泛青，不煞白，尤其适合红汤茶的品饮与观赏。讲究喝茶的人，很认同一茶一杯。因为不同材质的杯形和釉色，直接影响着茶汤的观感、茶汤的表现、茶香的萦绕存留等等。器与茶，爱与美，都需要相互成就。因此，当品茶达到一定高度，总要为某类茶，选配一只最能精彩表达它的茶杯。

甜白釉，是明代永乐年间发端的一类白瓷。它是在装饰有暗花刻纹的薄胎器面上，施以温润如玉的白釉。这种高白度的釉水，使器皿显得格外肥厚莹润，又像十六世纪以后，我国刚刚出现的白糖色泽，很容易使人联想到"甜"的感觉，故名"甜白"。

与冯娟相识，缘于九华山的甘露寺茶会。当时，她正为茶会做义工，为我的茶席备茶煎水。茶会不久后的白露，问茶武夷途中，我专程去景德镇拜访了冯娟伉俪。在她的工作室喝茶、赏器，件件甜白茶器，都有着温润如玉的静美。我忍不住问冯娟："您的茶器烧得非常唯美精致，但'清塘'的底款更是出彩。清塘别业，当年是颜真卿资助陆羽修建的住所，而结庐于湖州苕溪之滨的清塘别业，又是陆羽《茶经》的成书之处。所以，清塘与茶的历史渊源，不是几句话能够说清的。"冯娟笑着说："我幼时居住的老村落，就叫清塘村。您可能没注意，在茶室的门楣上，镶嵌着的那块楷书'清塘'老石刻，就是我们收藏的清代遗存。"

清塘与茶的莫大缘分，草蛇灰线，纠缠不清。这需要几生几世才能修来的福德，我只有羡慕的份。

难得在雨夜里喝茶，就用"云窝红袖"给新杯开开光吧！焚一炷沉香，清凉安静；瀹一壶"红袖"，暖意顿生。室中茶烟袅袅，香气氤氲，茶韵雨意，绵绵无绝。茶是何味？雨是何色？耳畔何音？所思所忆何境？形式已不重要。

若有若无的雨声，如古曲《潇湘夜雨》。赏雨如品茗，有浓淡，有舒缓。听雨能寄情，荡涤尘俗；品茗可淡泊，况味人生。茶盏如玉，曲韵如水，茶韵随曲水流淌，润物无声。曲水伴茶烟清扬，了无痕迹。

流水今日，明月前身。那明月的前身又是什么？我想，一定是茶杯里残余的那滴茶泪吧！此刻的"红袖"，梅馥兰幽，是否也会如我翩思旧忆？在回首它的前世，那曾经的倩影碧透，空灵清醉。

器具精洁，茶愈为之生色。茶汤的清透绯红，衬托出茶杯的莹润素雅。端起茶盏，品杯与唇齿接触的瞬间，杯口的弧度、釉水的熨帖，让口唇有如沐春风的温柔。这种感觉，是妈妈亲吻婴儿的脸颊，才有的细腻与温度。待茶汤入口，柔柔滑滑，身心愉悦。杯底留香萦绕，持久地让我不舍放下。这种对茶器的亲近情感，从唐代卢仝的茶诗中，尚可觅到踪影，"平生茶炉为故人，一日

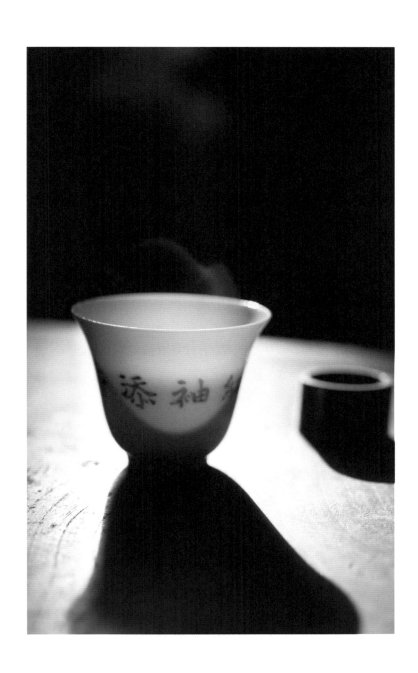

不见心生尘。"

世间美物，目不暇接，然而真正令人魂系梦牵的，还是少数能触动内心、忽有所感的东西。让人在使用时，恍然有脂肤熨手的温存质感。良杯之美，更是如此，如玉的温润、自然的雅光、流畅的线条、熨帖的杯沿、盈盈一握的杯形等等。也只有懂茶之人，才能设计出宜茶合手、令人亲近且有温度的茶器，或许这就是艺人和匠人的不同。

啜茗厚甜香细细，无言谁会凭阑意？茶杯虽小，却是我们生活中最亲近的用器，可随心凝视，可寄情鉴赏，可冷温口触，可摩挲把玩。建筑大师汉宝德说："美，从茶杯开始。"这是富有哲理且很实用的提醒。茶杯虽是寻常，却蕴含着大美。盏瓷釉色里蕴含的诗意美，是寻常生涯里润物无声的渗透与滋养。

我常劝茶友购买杯盏时，不要只图价格低廉。一个好盏，数年后，可能是不愿割舍的雅玩。对于普通家庭，几只精致耐看的茶杯，不会成为生活的负累，却可成为父母子女认识与感受美的契机。一个家庭或一个人，如果不曾把玩或者亲历过精致的雅器，便很难培养出自己的眼力与见地。传统文化的知见，妙在一通与百通之间。

蜜脂泉瀹宝洪茶

知道张充和，是在2008年，我去湘西凤凰一游的意外收获。当时读完了沈从文的《边城》，便忍不住借道去了凤凰古城，去看沱江，看江边的吊脚楼，看吊脚楼上清秀纯真的翠翠的影子。

在凤凰，沿着一条叫廻龙阁的窄窄巷子，我一直向东走，瞻仰了沈从文先生的墓地。在那块孤零零的大石头上，也就是墓碑的背面，我看到了张充和的题字："不折不从，星斗其文。亦慈亦让，赤子其人。"

张充和的楷书，结体端庄灵动，气息高古，难怪书法泰斗沈尹默评价说："张充和是明人学晋人书。"凤凰之行，我对张充和有了较深的印象。后来，又陆陆续续读了数本关于她的书籍。

云南的宝洪茶，我是在张充和的《云龙佛堂即事》诗里初次看到的。其诗云："酒阑琴罢漫思家，小坐蒲团听落花。一曲潇湘云水过，见龙新水宝洪茶。"充和先生的这首诗，写于抗战时期流寓昆明期间。当时，她借住在昆明的云龙庵，酒阑人空后，抚一

曲《潇湘水云》，她坐在佛堂的蒲团上，用云南见龙潭的泉水，瀹泡着清香的宝洪茶。琴罢品茶，人寂寂，她听着窗外簌簌的落花，更加思念处于战火纷飞中的家乡。

明代徐光启《农政全书》说："宝洪之片茶，为茶之极品"。宝洪茶确实质佳量少，据翔实的数据统计，年产量不足五百公斤。宝洪茶，产于云南宜良县宝洪寺周边的宝洪山上，海拔约1800米，种植历史有1200余年。宝洪茶性寒，香高特异，民间流传有"屋内炒茶院外香，院内炒茶过路香，一人泡茶满屋香"的说法。陈化的老茶，具有清火解热的药效。每年的雨水节气开采，清明前五日结束。陈霆其《雨山默谈》中写道："宝洪茶为天下第一。有司包贡之余，例馈权贵与朝士之故旧者。"

花开的春日，我在云南问茶，寻访宝洪茶不遇。不久，我和能道法师，在昆明的雪林茗居围炉吃茶，当我提起宝洪茶香高难得时，雪林主人慨然相赠一两上等的宝洪茶。

我端坐在茶室里，静赏着赵家珍的古琴《潇湘水云》，蔡兄携一桶带着凉意的泉水进门，并特别强调，这是他新汲的西蜜脂泉水。

蜜脂泉是济南的七十二名泉之一，分东西两处。西蜜脂泉位于五龙潭公园西边的关帝庙中，因泉水甘甜似蜜故名。泉水涌出后，汇合回马泉、净池等泉水流入五龙潭。泉北蜜脂殿内的西墙上，嵌着清道光年间立的石碑，文载："历邑西城处不数步有蜜脂殿，旁有泉曰蜜脂。邑志所谓西蜜脂也……过此宇者，瞻庙德之威严，睹泉流之涓清，恶念涤而美念溢。"

我接过泉水试饮，新涌的泉水，清凉微甘。古时的泉水怎样？我们只能从文献中回味了。而今城市污染，地下水位下降，泉脉壅塞，尤其是泉池几经干涸，泉水从南山渗透补充过来，水质缺乏历史久远的过滤沉淀，水不如古已是必然。

不能辜负了好水。我对蔡兄说："那就泡我珍藏的宝洪茶吧！"蔡兄欣然应允道："难得，难得。"我用银壶煮泉，斗笠油滴盏瀹泡，银勺分茶。好水、好茶，故友、浅夏，霁月难逢，良缘难遇。油滴盏中，蜜脂泉水，瀹泡宝洪春茶。其干茶，嗅来叶气胜花香。入水即沉，清香四溢，片片遇水绽开，笑靥如花堪缱绻。入口的汤甜，不需啜苦而化。稠厚的汤感，如锦缎丝滑。相溶于水的香气，是梨花淡淡，还是如野果熟透？一时难以说清。类果香，偏幽；似花香，又太淡。饮罢，口齿中弥散着的芬芳，又窜鼻而出。品茶沾得素衣香。宝洪茶的香高、水厚、耐泡，除野生紫笋茶外，在绿茶中难有出其右者。

充和先生一生走得很慢，活得很静，看看她的一生，都在习字、作画、吹笛、唱曲、吟诗、喝茶。传统的文化养人，正是这种自然悠闲的慢生活，才使她成为默然清贵的百岁老人、世纪名媛。

2013年的白露，迎新、木白等友，在遗留着唐风宋韵的宝洪寺，举办了一场别开生面的"传香源"无我茶会。茶会结束后，他们当场采茶青，炒制了少量的宝洪茶。深秋时节，我在大唐贡茶院的茶会上，又遇迎新，获赠一两，欣喜万分。春茶难觅，宝洪的白露茶更是难得。宝洪茶芽肥叶厚，杀青压扁难以柔顺成形，故色泽深翠的干茶的外观，不很匀整秀美，但香却是绿茶中的翘楚。

早春的优质、野放绿茶，往往生长慢，叶片厚，难揉捻，不可能具有特别娟秀的外形。又因高温杀青，要炒熟焙干，干茶颜色可能偏于绿黄。茶之为饮，传统是真功夫，好喝是硬道理。惯于以貌取人、附庸风雅者，常会与兰心蕙质的好茶擦肩而过。对此，真正的爱茶人，不可不深思细察。

茶味初见

茶味初见

带同学们苏州游学，体验碧螺春的制作

桑葚红了有盈满

等故乡的桑葚红了，小满节气就到了。这个时候，也是家乡的春蚕抽丝结茧的季节。

昨日回到故乡，在姥姥家的百年老屋前，徘徊良久。然后，辗转到伴我长大的汇河边溜达溜达。西流的河水，失去了往日的清澈，而那片老桑树结出的桑葚，依然是红中透紫，紫中闪亮，酸酸甜甜。

姥姥家的老房，是座建于清代嘉庆年间的柱梁式厅房。青砖黛瓦，檐牙高啄，从来就是村子里最高的瓦房建筑。慈祥的姥姥生前常对我讲："这座老瓦房，是先用榫卯结构，把柱、梁、檩、椽连接成一个闭合的构架后，再用厚重古朴的大青砖，按功能分区围护砌成。"老房子的正前方，是石砌的月台。月台下面的东南侧，有一棵与房子同龄的大枣树，树干粗至两人合抱。在我童年时，大树已亭亭如盖矣。老枣树与老屋同在，遮阳蔽日，护佑着整个院子。每年的小满前后，花开满树，花落簌簌，蕊黄瓣含新蜜气，香透了这个古老的院落。

点火樱桃，照一架荼蘼如雪。节气是一个鲜活的窗口，故园的枣花，野外的桑葚，墙角的荼蘼，一树樱桃带雨红，皆是朝花夕拾中光阴的大美。远离了故乡的城市生活，吃不到汁水汪汪的麦黄杏，看不到家乡略带忧伤的紫桐花，过眼少了季节的缤纷。看不到春华秋实的起承转合，感受不到时序的春生夏长、秋收冬藏。不接地气的干枯生活，旷日积晷，便会渐渐失去滋养东方圆融智慧的土壤。

幸好还有茶，茶滋日月钟灵，山川毓秀；茶涵川濑氤氲之气，林岚苍翠之色。从茶中，我们还能感受到春夏秋冬的清新气息，感受到时令节气的自然萌动。

小满这天，茶斋外的一架蔷薇，花开明艳如雪。精于花艺的张晗，剪有趣的旁逸侧枝，用天青色的盘口瓶清供。花下瀹茶也清雅。我用青花盖碗，瀹泡2010年的"红袖添香"。蓬莱的才女静水，点名要喝1986年的正山小种，真是有点舍不得。

这款珍藏近三十年的正山小种，是传统的切碎茶。汤水沉静，红中泛金，甘甜的桂圆香里，略带类似松脂的味道。品饮时，小口啜咽，鼻腔喉吻，陈香弥漫，清凉有时，如啖薄荷糖。同样是这款茶，在2010年的清明，我与清欢诸友，在泸沽湖的暮色里品过。当时共同的感觉，即是茶的松烟味消散，弥留着松脂香，喉韵呈现老茶特有的薄荷凉。传统陈年小种红茶，值得长期密封陈放，老茶的香气已沉潜入水，口腔感受到的是桂圆清甜厚实的粘稠汤感。

茶还没有喝透，古法石磨压制的"清蘅"大树茶，已经到店。我立即打开竹篓，从笋壳包装里取出一饼，与在座的朋友开汤试茶。茶质厚重，汤色橙红，香高气足，可谓小满。《月令七十二候集解》说："小满者，物致于此，小得盈满。"

对我来讲，小满足就是大幸福，知足常乐。《老子》说："祸莫大于不知足，咎莫大于欲得。故知足之足，常足矣。"中国的古老智慧，虽埋在故纸堆里，却有着令人脑清目明的特殊功效。在这个拜金和信息疲劳的网络时代，我们匆忙的没有心思去咀嚼古人的训诫，无暇去顾及身边的一朵花开、天上的雁去燕来，甚至常常不知道今夕何夕，更何况与生命息息律动的二十四节气呢？

茶，能让我们在草木中诗意的栖居，在忙里偷闲中，过着有滋有味的生活。到了我这个年龄，再忙，也学会要坐下来，静静地喝一杯茶。心有远山，安于当下。用心去感受季节的流光岁华，从茶中去体会人生的苦中作乐。

读读古人的诗词，看看古人的生活，包括清明的一杯新茶，谷雨的一次花会，夏至的一碗面条，甚至是冬至的一顿饺子，他们都会顺时应季，欣然面对。在不同的季节里，在不同的境地里，他们都会依照节气变化，去调节自己的生活。即使在朝代更迭、兵荒马乱的日子里，他们仍能守住内心，接天引地，把衣食无着、颠沛流离的生活，营造得有滋有味、活色生香。

回头望望，一时的穷富算得了什么？况味的人生，不就是顺和节气的几度春来、几场花开吗？

九华甘露境闲闲

芒种的前五天，九华甘露无上清凉茶会，在安徽九华山的甘露寺举办。我带着一大箱子茶器，在甘露寺的大殿前，设计布置了茶席"雨花甘露境闲闲"。席名出自唐代刘言史的《登甘露台》，其诗云："偶至无尘空翠间，雨花甘露境闲闲。身心未寂终为累，是非天中独退还。"

对于甘露寺，同去参加茶会的婉儿这样写道："因为寺庙地处半山腰，很多朝山的香客不明其里，会直接错过甘露古寺而奔山上去，却也因此而保全了寺院的安静与清净。师父在启圣楼手书'丛林以无事为兴盛'，其中深意，亦是足以让人收摄身心，净洁语意。"

才女婉儿说的师父，即是甘露寺的现任主持藏学法师。藏学法师幽默率真，融谈锋禅机于诙谐说笑之间，着实让人敬仰。看着花团锦簇、清净庄严的甘露寺，我神往地对藏学法师说："等退休了，就来这里吃斋念佛、清净喝茶。"不料法师一脸庄严地说："我佛慈悲，甘露寺不度尔等退休之人。"看着法师又不像开玩笑的样子，我忍俊不禁，却也被一语点醒，如闻棒喝。委实如法师所言，人的修行是不能等的，一蹉成百蹉，时不我待。

茶会这天，百年的甘露寺内，好雨知时，天降甘露。大殿的檐角，雨花轻溅，细雨若帘。茶席上花开寂寂，花落无声。苔痕翠绿的天井，甘露濛濛；席间，茶香弥漫，雨雾香云盘结。茶，又名"甘露"。《宋录》有记："此甘露也，何言茶茗？"

大雄宝殿前，芭蕉洗翠，雨滴荷圆。甘露寺内，在雨和花交织纷披的妙境中，细品"甘露"，不经意间契合了天意、雨意、茶意和席意。我该如何造境这人寂寂、境闲闲呢？

首先，设席需要开阔明畅，席花必须素雅清淡，最好有点山野之气。茶会前，我冒雨去了山涧，采撷几枝带露的白色野花，经稍加修剪，层次井然地插于黑色的斗笠油滴盏中，俯仰生姿。剑山上覆以翠绿苔藓，保持野花的山间清气。充分利用茶案后碧翠似绢、玲珑入画、叶叶舒卷、雨中潇潇的几丛芭蕉，作为茶席的主要背景。为营造"红了樱桃，绿了芭蕉"的意趣，我选用三只胭脂红的品杯，并列安放在陈旧的月饼花模之上。登时，绿肥红瘦的画卷感，便跃然席上。

由于席面较大，为兼顾分茶方便和取杯品饮的舒适，在茶席的左侧，又摆放了青花囍字品杯五只。考虑到花模左侧的位置较空，我又去寺外的山坡上，采得纤瘦黄花一株，栽于月白色的小水盂内，与木模上的胭脂品杯相互映衬，便有了郁郁黄花、怡红快绿的意象。精致的茶仓置于左侧，画面是清代汪昂的浅绛仕女。如此，仕女黄花、蕉下客闲的意境，内涵具足。

茶味初見

更为清绝的是，茶会始终，茶香、沉香、檀香、草木花香，氤氲交汇；雨声、琴声、箫声、经声梵唱，此起彼伏；香云、茶烟、薄雾、炭炉水汽，袅娜轻扬。茶会规定的一新二陈三款普洱茶瀹过，我才拿出自己的私房茶冲泡，一款三十年陈的正山小种，松脂香，薄荷凉，又应了无上清凉的茶意。

天渐渐黑下来了，有的茶席上开始掌灯，大雄宝殿里的晚课声起，我轻声提醒端坐在茶席上、正回味着茶香的出家师父："您不去念晚课吗？"不料，师傅开心地说："持正念，喝茶不也是念佛吗？"

我闻之，顿时醍醐灌顶。是啊！法是生活法，禅是生活禅，席中的"甘露"，在心能够放下时，充满着丝缕法味。此时、此景，此情、此境，茶陈器古，火气全退。蕉下客人，如能释骄去燥，温润若茶，莹润如器，焉能不心寂寂，境闲闲？

茶会结束后，我在总结思考，茶席是吃茶人以茶汤为灵魂，理顺杯、盘、壶、盏的逻辑关系，借景周遭物语，融汇插花、挂画、焚香、造境等技法，营造出的一方人、茶、器、物、境的舒适的美学空间。"雨花甘露境闲闲"的茶席，就是借景九华空翠，如雨落花，在品饮一瓯甘露、体味无上清凉中，营造的一种自在清闲的境地。

仲夏石上开幽兰

碧螺春红饯花神

采艾端午奕清芳

含熏更有幽兰香

仲夏石上开幽兰

甘露寺的茶会结束，我与西安的闲影告辞。五台山茶会一别，转眼又是一年，再听她的琴，已如茶的中淡清和，臻于"古声淡无味"了。若再相见，大概是明春的普陀茶会了吧。

下山后，耳畔仍是甘露寺的清凉茶语。到达合肥，与湖南的茗仙、济南的晓东、杭州的恒迦，一起拜访了安徽农大的丁以寿老师。几盏茶里，受教颇多，博学多识的丁教授坦诚爽朗，可亦师亦友。

回到济南，仍不时回忆茶会的诸友，笑意盈盈的斟茶传盏，推心置腹的无私分享，回味润心甘露的那一瓯清凉。茶香琴韵箫声，越陌度阡；清脆的茶鼓声声，犹在耳边。

次日，与孔老师相约，到南山的闲居喝茶。泉城的南部山区，属于泰山的余脉，逶迤起伏，山清水秀。南山茶室，依青山、傍溪流，被一片杏林覆盖着，也算是远离喧嚣的世外桃源了。室外小院，植各色瓜蔬，生机盎然，低首摘菜，悠然南山。松涛阵阵，郁郁苍苍。

摘完蔬菜、瓜果，有人去准备中午的素斋，我们便聚集在小园葳蕤的紫藤树下喝茶，暖阳温煦，山风清凉。我的思绪，还没完全走出九华山的清凉世界。

郑板桥在镇江焦山的别峰庵求学时，曾写过茶联："汲来江水煮新茗，买尽青山当画屏。"小友从山下汲来新泉，我们则煮新

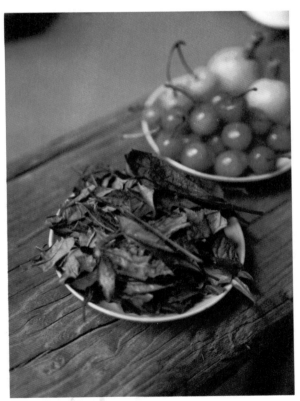

野生政和老丛大白茶

泉，泡旧茗，对面苍翠的青山隐隐，白云缭绕，不自觉就成了山居茶席的画屏。相看两不厌的，不只有敬亭山，还有南山的山色水影，蓊郁之美。若是板桥在世，当茶香勾出了柔情，他必定写诗抒怀，又发感慨。

开汤的，是刚压完饼的政和大白茶，茶青为2008年的高山白牡丹。橙红明亮的茶汤入盏，盏里映照出紫藤垂蔓的花影重重，静美如斯，更衬得山野寂寂，水流淙淙。白茶存放五年，青气散尽，花香彰显，入口有胶质粘稠的甜。六水后，枣香呈现，有清凉感。十水后煮饮，厚重的茶汤里，枣香、木质香、糯米香等老白茶的特点，层层交相展现。鲁姐不解地问："白茶陈化后，怎么会比某些熟普水厚气足，茶汤也比熟普粘稠甘甜呢？"我说："淡中知真味，常里识英奇。生态好的大叶种白茶，如人，没有经过杀青、揉捻、发酵、熏染，保持着本然的清净素心。它的转化，如同吃斋念佛人，对于佛陀信仰的那种勇往直前的力量，是保持着不变初心的茶内物质，渐次的自然转化。就像行走在万紫千红的春天里，乱花渐欲迷人眼。当内心真正归于沉静时，就会豁然开胸次，还是洁白如玉的花朵最养眼，这即是"淡极始知花更艳"，所蕴含的发人深思的哲理。

是茶，总有喝淡的时候。茶毕，便去小溪里检石头，溪水潺潺，清寒逼人。在水藻覆盖下的卵石中，觅得泰山奇石三方。最奇的一方，石质黑绿而白章，其上如挥墨勾勒的幽兰几叶，活泼恣肆，芳姿成趣，尽显兰之风骨。

茶有香，以素雅的兰香为贵，又以幽香淡冷、香远益清为上。香高而腻的，不见得是好茶，故有"香而不清，犹凡品也"的棒喝。因此，兰与茶在冥冥中，一定有我们无法参透的因缘。幽兰石于茶案上清供，有助茶之清雅。张居正说："夫幽兰之生空谷，非历遐绝景者，莫得而采之，而幽兰不以无采而减其臭；和璞之蕴玄岩，非独鉴冥搜者，谁得而宝之，而和璞不以无识而掩其光明。"这方兰石，生于泰山余脉的空谷清涧，想必是因了茶

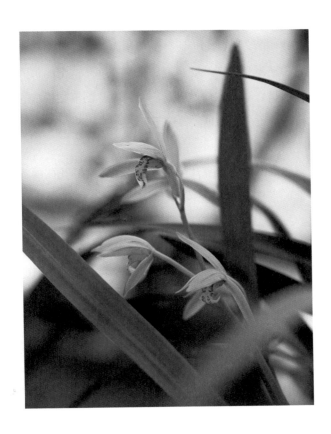

香，才使我们有缘千年一见。石令人古，亦令人幽。觅石在缘，赏石在心，兰印石上，自成风景。置茶室中，兰石与茶香凌风萦回，相映成趣。

自陶渊明写下"采菊东篱下，悠然见南山"，南山渐渐成为一个隐逸的符号。南山有碧水苍苍，有竹林茅舍，有清风白云，有粗茶淡饭，但南山只能是一个偶尔喝喝茶、清清神的道场。大隐隐于市，南山虽好，却过于空寥，不可久居。喝茶不过是日常生活，在南山喝得，在闹市也能喝得。若太过讲究，反倒被其束缚。就如我们的人生，如果设计的步步为营，必定会步步受困，作茧自缚。还是顺其自然吧！道法自然最妙。官窑的茶器虽然精美高贵，但是，与其诚惶诚恐、小心翼翼，倒不如日常的陶瓷茶器用之自在。质朴的器具，更近于茶之大道。

夏夜的阳台上，茉莉花开几朵，香浓韵深。金钟花蓓蕾着，刚刚露出绯红。花梨书桌上，汝窑天青的双耳香炉，青烟袅袅地焚着水沉。把玩着新得的兰石，闲品着幽淡的白鸡冠。窗外鸣虫唧唧，心有所感，为文记之："闲啜三杯茶，静品一炉香。花开五六朵，经读七八章。窗外虫唧唧，室内香袅袅。夜阑更愈深，我心转寂寥。"

碧螺春红饯花神

不咸不淡的日子，似水流年，不觉已是芒种。小时候，只知道芒种就是忙着种，长大了，读《月令七十二候集解》："五月节，谓有芒之种谷可稼种矣。"才知道芒种是连收带种，昼夜繁忙。即大麦、小麦等有芒作物抢收，晚谷、黍稷等作物播种。我虽离开故乡多年，但少年时期的农村生活经历，让我一粥一餐，仍念稼穑之艰难。

芒种这天，古代又叫女儿节。女儿节的烂漫，可从《红楼梦》中窥见一斑："凡交芒种节的这日，都要设摆各色礼物，祭饯花神，言芒种一过，便是夏日了，众花皆卸，花神退位，须要饯行。"

花谢花飞，芒种这天要为花神饯行；花落花开，迎花神的日子，是在农历的二月初二龙抬头这天。古人迎花神很是郑重，要插花簪花，蒸百花糕，酿百花酒。送花神归位也很热闹，像《红楼梦》中，女儿们要打扮得桃羞杏让，燕妒莺惭。还要洗五枝汤，煮青梅酒。一迎一送，有去有来，离而不伤，风雅之至。

二十四节气，是国人诗意的信仰。在四季轮转中，它总是留情而去，有信而来。先贤们明白，对花神春去春再回的期待不会落空，所以，即使花神退位，仍感恩地报以隆重热情的欢送。

可热闹，是探春、宝钗、湘云她们的。在大观园一隅的花冢，多愁善感的黛玉，却发出了哀声悲音。"侬今葬花人笑痴，他年葬侬知是谁。试看春残花渐落，便是红颜老死时。 一朝春尽红颜老， 花落人亡两不知。"黛玉不唯伤春，境遇使然。她伤的是，来年花神如约来了，自己是否还会健在？她长吁短叹的是，"人有聚就有散，聚时欢喜，到散时岂不清冷？既清冷，则生伤感，所以不如倒是不聚的好。比如那花开时令人爱慕，谢时则增惆怅，所以倒是不开的好。"唉！这个黛玉，聚与散不过是个形式，不能只看重结果，而忽略了过程的享受。过度敏感的悲观性格，让林黛玉黄土垄中，卿何薄命。

江南的芒种前后，梅子黄熟了，便进入了梅雨季节。梅水可是泡茶的难得好水，旧时民间习惯蓄黄梅季节的天落水，留之烹茶。明代《食物本草》记载："梅雨时，置大缸收水，煎茶甚美，经夜不变色易味，贮瓶中，可经久。"这也是古人在过去的窘迫里，无法得到纯净水的一种诗意变通。

而今大气的污染，梅水已不堪用。妙玉用旧年蠲的雨水烹茶，以及茶煎梅花雪的唯美曼妙；唐代陆龟蒙"看煮松上雪"的素淡；苏轼的"梦人以雪水烹小团茶，使美人歌以饮"的风雅，已是前尘往事里的烟云旧梦，或已沦为后世的美好传说了。面对日益严峻的水污染，梅水、秋水、荷上露与梅花雪，早已垂不可得。没有了诗意的水，哪里还有诗意的茶呢？

芒种一过，花神退位。我不是个归人，倒像是个素年锦时的过客，所以有必要以茶，来纪念这一场花开荼蘼的青春浮华。

布芒种茶席，焚香以烟喻烟水苍茫。我以一道谷雨后的碧螺春红茶，为退位的花神饯行。茶器择雕梅的德化白瓷，一壶三盏，布置在碧绿的蕉叶之上。黑色的雨滴釉玉壶春瓶，清供一枝丹红欲燃的石榴花开，一蕾一花，疏朗有致。

这款碧螺春红茶，我美其名曰"橘子红了"。它是在谷雨后，精选苏州洞庭西山的小青茶，发酵而成的红茶。谷雨之后，西山的碧螺春茶，梗长叶大，已不适合炒制卷曲如螺、银毫隐翠的碧螺春了。我就和小朱商量着，做点碧螺春的红茶试试。想不到茶青经过揉捻、发酵、焙火后，干茶与茶汤里，会蕴含着明显的橘子花果香气。

茶树有着说不清的灵性。红茶里的橘子香气，若说来自茶园里的橘树，茶染果香，花窨茶味，也不完全正确。因为与茶树交错掩映的，还有大量的枇杷树、梅花树和石榴树呢！

后来我读地方史志，发现西山栽橘的历史悠久。白居易任苏州刺史时，每年亲选西山的"洞庭红"橘子作为贡品。苏东坡的《洞庭春色赋》中，记有西山黄柑酿酒，名为"洞庭春色"。到明代，西山的"洞庭红"橘子已远销南洋。李时珍的《本草纲目》中，也有"橘非洞庭不香"的记载。这橘香盈口的碧螺春红，姑且认为是西山久远植橘的历史遗韵吧。

春天的茶席与茶，再美，也不过是绿肥红瘦。怎奈何如花美眷，终不敌似水流年。该走的必然会走，谁也留将不住。既然走，我们就以茶欢送，不必像黛玉那样涕泪悲歌。小别，是为了来年更美的相聚。

采艾端午奕清芳

回家的路上，看到路人纷纷购买艾蒿，便知道端午节临近了。我年幼时，深谙药性的爷爷曾告之我，端午节门前插的艾蒿，要选圆叶的家艾，不要选细碎长叶的野艾，缘由不得而知，可能与民间追求圆满吉祥有关吧。

我喜欢艾蒿的药香味浓，喜爱艾蒿的山野清劲。《诗经》有"呦呦鹿鸣，食野之苹"，其中的"苹"，就是指艾蒿。又有"彼采艾兮，一日不见，如三岁兮"。在野气清冽的艾香里，酝酿出的质朴爱情，似乎比华贵庙堂里的滥情，更加绚烂炽热，久远味真。

每年农历的五月初五，为端午节，又称端阳节。汉代的端午，有以兰草汤沐浴去污的习俗，因此，端午节又多了个浴兰节的名字。

之后的端午节，逐渐演变为吃粽子，赛龙舟，挂菖蒲、艾叶，薰苍术、喝雄黄酒等习俗。"樱桃桑椹与菖蒲，更买雄黄酒一壶。"它是祖先们端午生活的写照。"节分端午自谁言，万古传闻为屈原"的说法，不见得准确。因为从端午节的演化来看，不只是为怀念屈原，也有纪念东汉的孝女曹娥、纪念春秋伍子胥的说法。端午节究竟是在纪念谁，我觉得并不重要，但通过这个节日，形成的"采杂药、避五毒"的优良习俗，总结出的未病先防的保健理念，数千年来，不自觉地佑护着灾难深重的华夏子民，并一直传承至今。仅这一点，已经是功德无量了。

就如同茶，任何一类茶，都不可能去治疗某一种具体的疾病，但茶却是"万病之药"。茶通过抗氧化、防辐射、延缓衰老、降糖消脂、镇静安神、杀菌解毒等药理作用，提高人体的免疫力，调整身心的阴阳平衡，做到未病先防，把疾病消灭在萌芽状态，这就是茶作为"万病之药"，对人类的最大贡献。

北方的端午前后，民间有采树梢、草梢的嫩芽，蒸晾晒干，作为代茶饮的习惯。我小的时候，奶奶常在端午这天，去路边采青桐芽，去麦地里采青蒿芽，把它们晒干后，作为一年的保健茶饮。

泰山女儿茶，就是仍可寻觅到的这种民间习惯的例证。清代聂鈘《泰山道里记》记载："泰山西麓扇子崖之北，旧多青桐，曰青桐涧。山民多到此掘取桐芽，以法炮制，用泰山泉水冲饮，清香爽口。因桐芽鲜嫩如少女，故而有女儿茶的佳名。"也就是说，至少在近代，泰山女儿茶还不属于真正的茶类。据我了解，山东泰山真正引种江南的茶树，是从1966年开始的，其后少量制作的炒青绿茶，出于商业宣传的需要，便冠以女儿茶之名，但此茶已非彼茶。

《红楼梦》中也提到过女儿茶，其中写道："林之孝家的又向袭人等笑说：'该沏些普洱茶吃。'袭人晴雯二人忙笑说：'沏了一铫子女儿茶，已经吃过两碗了'……"此处的"女儿茶"，从上下文的呼应来看，应该是普洱茶的小团茶。清代阮福《普洱茶记》说："小而圆者，名女儿茶，女儿茶为妇女所采，于雨前得之，即四两重团茶也。"

遥想屈子当年，朝饮木兰之坠露兮，夕餐秋菊之落英。那时的菊馔，最早是生嚼。屈原之后，晋人傅玄亦有赋称菊花"服之者长寿，食之者通神"。宋代的苏轼，一年四季都在食菊。这些历代的高士们，饮露餐花，开创了以花草代茶饮的清雅。

西湖断桥边，雷峰夕照中，美目盼兮的白素贞，是否还会在端午翩然走过，千年等一回？传说达摩一苇渡江，面壁十年，眼皮堕地化为茶树。武夷山的白鸡冠，相传是白娘子洒落的第五滴"爱"的眼泪生成。尽管白鸡冠另有传说，是讲武夷山有个茶农，把一只被青蛇咬死的公鸡，埋在茶树下，那颗茶树就渐渐变成了白鸡冠。

那只公鸡的魂灵，尽管已化作清香淡雅的白鸡冠，我想它对青蛇一定是恨意未消。作为传说，我宁信前者。因为茶是草木之灵，

白鸡冠

万病之药，广为普济众生，不应心中有恨。那金黄翠白的白鸡冠茶树，多么像顾盼生姿、清丽出尘的白素贞呀！

端午的茶席，我采艾南山，和菖蒲同为清供。艾香清苦，菖蒲忘暑，瀹茶白鸡冠。干茶青黄隐白，妖娆阴柔。沸水冲泡，汤黄水滑，清淡香幽，隐隐有玉米花香。入口隽永清凉，淡中始悟真滋味。

去年的端午，安安来到济南，也曾共饮过这款白鸡冠，还有桃花香的台湾乌龙。茶香以清幽的花香、果香为上。像岩茶中的水帘洞肉桂、乌崃的宋种单丛，二者均有鲜明的水蜜桃香气。但泛着桃花香的台湾乌龙茶，我却是平生首次品到。《神农本草经》说：桃花"令人好颜色"。不知道安安的这款桃花茶，可有美容之殊效？

含熏更有幽兰香

端午节过完了，透着苇叶清香的粽子味道，在空气里仍若有若无。在传统的端午节里，不应该只有屈原，还应有我童年挂在脖子上的手绣荷包，荷囊内装满了雄黄、艾叶、白术等中药。

读清代袁景澜的《吴郡岁华记丽》，书中讲述了古人们过端午节，要瓶供蜀葵、菖蒲、石榴等应季花卉，妇女要簪石榴花、艾叶等，药店赠送白术、大黄、雄黄给老顾客，百工停业，欢宴赏节等等。其实，在古时簪花的不惟有女士，还有男士。苏轼诗有"人老簪花不自羞，花应羞上老人头"。重阳节的"遍插茱萸少一人"，也是簪花习俗的沿袭。

看看古人的端午节，过得多么朴实和接地气。五月的天气，进入了炎热而又潮湿的盛夏，蚊、蝇、蛇、蝎、蜈蚣五毒开始活动，细菌、霉菌开始滋生。在端午节这个五月的开端，古人们如何系统地预防疾病，安全度夏，应该是节日的缘起，或是节日里应该思考的头等大事。

茶 味 初 见

端午后，近佛好茶的素奕从成都来济，相约在茶室喝茶。茶台上清供一枝榴花，胭脂深红；花下一盆刚修完的菖蒲，青翠可人。在泡第一款茶时，她问我："这款蜜香为韵、蘅芷清芬的茶，是什么茶呀？"我告诉她，这是我最钟情的一款普洱生茶，名字叫做"含熏"。

说起"含熏"，我有些情不自禁。这是今年清明前，我问茶云南镇沅的千家寨时，在茶王树对面的山坡上，找到的一款高山野生过渡型群落古树茶。它不同于常见的那些形形色色的茶树，这几株老茶树发出的新芽，却是梗紫叶翠，宛如紫茎绿叶的兰花。记得当时，我忍不住采了几个新芽，放在手里凋萎、揉搓一下，登时便兰香勃发了。

我们常常以兰喻茶，多指的是茶的香气。外形芽叶相连如兰的，除了绿茶中的舒城小兰花、桐木关的某些竹林野茶之外，其他茶的外观，很少有与兰花具象的。我初次在云南见到外形如此像兰的茶，内心非常激动。于是，便和彝族兄弟从采摘一芽两叶开始，到摊青、杀青、揉捻、晒青，石磨压制、自然晾干，笋壳包装，我都全程参与。为的是保证做茶的每一环节不能出错，在保持全程传统手工的条件下，试试外形酷似兰花的茶，能否焕发出细幽的兰花香韵？

等把茶做完，果然不出所料，芳菲菲兮袭予，一开汤的幽馥其芳，良可惊叹。汤色杏黄明亮，入口细腻顺滑，不苦不涩，蜜香

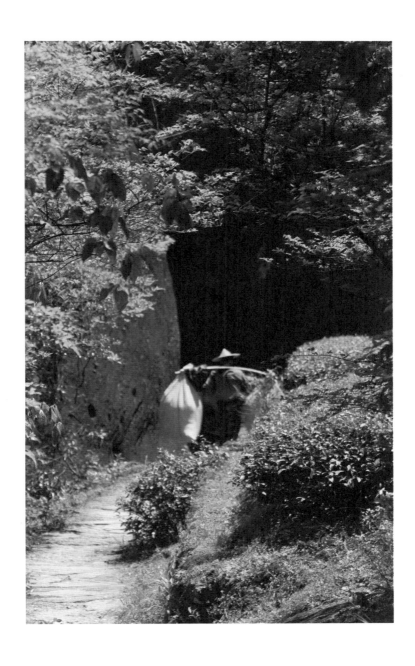

茶味　初見

清甜。浑厚悠长的杯底香，萦绕熏衣。我兴奋地对众人讲，这茶的名字就叫"含熏"了。只有在青藤绕蔓、苍翠原始的山涧，有良好的生态，才会生长出品质绝佳的好茶。茶是在阳崖阴林里，通过光合作用长成的。茶的品质，会一丝不苟地反映着它所处的山山水水、朝晖夕阴。因此，与其说是在品茶，不如说是品鉴茶的生态气息更为准确。

有兰似茶，幽香清远；遇茶若兰，妙尽天然。茶与中国的传统器物一样，都是妙物自有风骨，无意于佳乃佳。

品与自己内心契合的茶，尤其是自己亲手做的茶，是一种与茶的亲密对话。汤柔水滑里，有说不出的亲近与甜畅。

夏至

自笑禅心如枯木

五台澄观心清凉

夏至饮绿一阴生

虞美人映白牡丹

自笑禅心如枯木

2010年的初春，我在景迈的万亩古茶园问茶，在草木深处，捡到一段古茶树的朽木，瘦漏透皱，形奇韵美，颇耐玩味。我和同行的朋友戏语，不要轻视这方朽木，它本是茶树的舍利！

夏至后，滇中迎新邀我参与五台澄观茶会，并出一茶席。我思索良久，遂拟一席"枯木问禅"。

枯木禅，源出临济一脉。临济、曹洞两宗，皆属禅宗的一花开五叶。临济宗直截，曹洞宗委婉，日本茶道的形成，更多地受到曹洞一宗影响。关于枯木禅，《五灯会元》有段公案："昔有婆子，供养一庵主，经二十年。常令一二八女子送饭给侍。一日令女子抱定。曰：正恁么时如何？主曰：枯木倚寒岩，三冬无暖气。女子举似婆。婆曰：我二十年只供养得个俗汉。遂遣出烧却庵。"从此段故事能够看出，婆婆希望自己供养的庵主，首先应该是一个有血有肉、有情怀的人，而不是一段只知念佛打坐、诸事不问、脱离现实生活的枯木。

茶味初见

由此可以窥见，枯木禅并非是一昧死寂，而是通过止息妄念，恢复活泼泼的自性妙用，格物明理，得大自在。自笑禅心如枯木，花枝相伴也无妨？其旨趣在于枯木逢春，自然而然，在尘出尘，在色不染。掬水月在手，天心月圆；弄花香满衣，花枝春满。

无上清凉茶会的第一场，位于距太原23公里的龙泉寺庙内。我的枯木问禅茶席，设在佛祖阁的入口处，庇荫在两株沧桑千年的唐槐树下，西北向正对着一株飞龙松。古松蜿蜒盘旋，宛如龙飞云天。我和国内诸友，布席吃茶于此，僧寮、松风、竹月、凉台，风月无边，茶未饮而意趣盎然矣。

我用景迈古茶树的那方枯木，补足茶席的余白。在枯木的皴裂处，随手搭一细叶的青藤绿蔓，取其"枯木逢春犹再发"的旨趣。席花原本要清供一枝娇媚含情的芍药，与枯木顾盼生姿，倒是别具韵味。奈何花是寺僧辛苦所植，我不忍索要。幸好在龙神祠的一隅，有数丛野生蜀葵，胭脂水红开得正艳，遂采一枝一花备用。

记得在布置茶席时，湖南的茗仙姐提醒，插花不必刻意整理花姿，最好要保持它的自然状态。是啊，美在清新天然。茶席的供花，理应如花在野，稍具野趣，席间自会充盈清劲朗润之气。

寺院的主持恒峰法师，为茶会开示并宣布开幕。第一道茶，瀹泡2004年的景迈古树茶，西安的闲影抚琴。第二道茶，瀹泡九十年

代的勐海熟散，太原的居士横笛。龙泉寺的水质清凉甘甜，唯有
小憾就是水质过硬，茶香不扬，厚度不显。然而，摩挲经筒须知
足，能在这钟灵毓秀之地，千年古树之下，单饮一杯龙泉的水，
已是莫大的清福了，何况在这林壑幽深的清净之地，还有茶友清
逸，琴笛清远，茶烟清徐，麝檀清芬。于此得茶味，知茶意，早
已胜过平时的牛饮无数了。

席间与枯木对坐，亦如盏茶。茶为嘉木，枯索静寂，遇水绽放舒
展，犹如枯木之逢春天。《金刚经》云："于法不说断灭相。"
茶树的枯木与干茶的萎叶，同种同源，均在枯寂中蕴含着春意盎
然的生命律动，沉潜着鸢飞鱼跃的生机勃勃。茶所包含的色、
香、味、形、韵，皆是因缘和合，可生于有，也可弥散于无，唯
有茶性的清净，无染的澄明，却如"竹影扫阶尘不动，月穿潭底
水无痕"。

五台澄观心清凉

太原龙泉寺的茶会结束，半夜里磕绊着下山，回到宾馆，我便去购农夫山泉，与清欢、茗仙、四季轩诸友，在宾馆的茶几上焚香设席，老铁壶煎水，瀹茶宋种东方红。茶汤入口香满齿颊，但觉水路稍粗。随后，瀹泡茗仙带来的蜜兰香单丛，汤色橙黄，山韵幽芳。

不久，木白、李静等友推门而入，笑着说，他们一行刚刚摸黑下山。难怪个个"发滋山中花清露，衣上犹沾佛院苔"呢。又瀹两泡正岩茶，依依散去。人不眠，茶不孤。每年的茶会，聚来的是一群口齿噙香、衔着茶香入梦的人。

次日，登五台山，在关帝庙内，煮南梁沟上游的泉水，重品昨晚的宋种东方红，竟然香幽水细。茗仙姐娴熟的碗泡君山银针，堆绿叠翠，香清沁人。通过今日与昨晚的比对，同一款茶在两种水里的殊异表现，基本可以做出判断，五台山的泉水瀹茶，好过农夫山泉许多。单品五台的泉水，竟也清轻甘活。白居易有诗："蜀茶寄到但惊新，渭水煎来始觉珍。"好水益茶，事半而功倍。

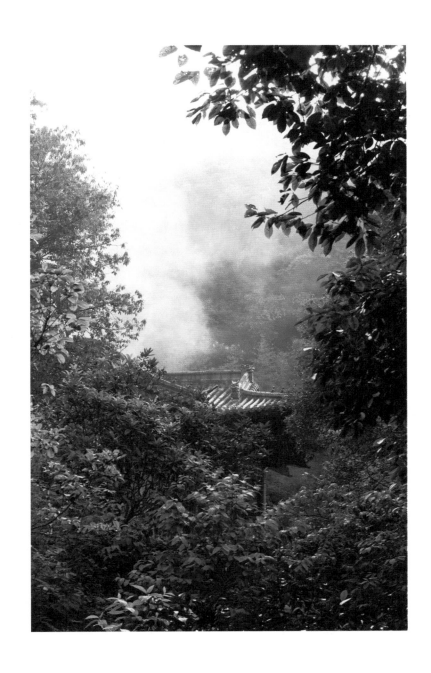

茶味初见

下午的茶会伊始，妙荣法师主持法事，洒扫起香，梵呗声声，妙音绕梁。关帝庙中，我布的这席茶，仍旧是"枯木问禅"，不过，此次寻来的这方天然虬曲的枯木，是有生命的，自身荣枯相生，俯仰成趣。奇就奇在它的根部，竟有一翠绿鲜活的桠枝横斜出来，生机盎然。

这席茶，除杯盏外，席间的壶承，盏托，香置等，皆是从周边的幽谷清涧里觅来的。例如：水冲的卵石薄片，就是最好的茶托、壶承。如苏轼云："惟江上之清风，与山间之明月，耳得之而为声，目遇之而成色，取之无禁，用之不竭，是造物者之无尽藏也。"一个茶席所需的器物，取之自然，得之天然，质朴无华而又不失规矩，就是最近道、最精妙的设计。

席间的枯木新枝，培植在古旧的瓦当之内。瓦当内，储清泉并填以卵石，枯木虬曲向左斜倚，卵石间插野韭菜花两枝，取右偏态势。根生翠绿小丫枝的这段枯木，底部覆以青苔，有淡紫色的伞状素花映照，有点像西子捧心而颦了。黄庭坚曾说："虽云病处，乃自成妍。""外枯而中膏，似澹而实美。"看似平淡，能使人回味的，就不只是简单。

席上的器具之间，相互照应，错落有致。分茶路线，不粘不滞，气韵流动。茶席的极简，不是缺三少四，而是具足了实用与美之后的不事雕琢。

关帝庙中，白云怡意，清茶洗心。诸友在美席盏畔，相处甚欢。待到秉烛夜谈，天心月圆，始尽兴而散。

忘不了关帝庙的夜晚，一行近百人，品着安化黑茶，聆听妙荣法师关于禅茶一味、佛壶同体的开示。好山场的安化茶，那种特有的清冽野鹜之气，在禅堂里竟也变得圆融温和。杯水见禅心，丝缕有法味。茶有茶的滋味，禅有禅的味道，无非都是拿起、放下。自性本清净，不求而自得。妙荣法师一句"恭敬产生利益"，让我悟得茶中三昧。把万缘放下，恭敬心生起，才能利益你、我及一起众生。茶与人生，缺少的不就是恭敬心吗？

忘不了显通寺的无上清凉妙高处，与木白、黄良等友，随演平法师在他的书斋里喝茶，看他习字、泡茶、为我们说法。红袖添香

红袖添香的汤色

的汤滑温润，昔归古树的气清朗劲，阴阳交融中，花香氤氲，一味清净，法喜禅悦。

更忘不了五台茶会的晦明朝夕，清凉境中，与诸友的月下品茗，溪畔煮茶。触目巅峦雄旷，翠霭浮空；细草杂花，犹铺锦然。其胜境如诗中所言："群峰面面拥奇观，朝雨和烟积翠峦。策杖千山浑不倦，披裘六月尚余寒。"

岚影交窗翠，松影入座浓。五台清凉境，茶韵弥散中。告别妙荣法师，惜别诸友。万重山峦的松风月明、浅翠深青，不及这一席茶中的款款深情。临别无所赠，徒手揖清芬。

夏至饮绿一阴生

冬至饺子夏至面。在我们北方，夏至这天一定是要吃面的。我姥姥常说："吃了夏至面，一天短一天。"

夏至一阴生。任何事物的变化，都是物极必反。重阳必阴，热极生寒，从阳气最盛的夏至这天开始，阴气开始萌动了。表现在自然界中，那些对阴气比较敏感的动植物开始出现。我们能见到的，像是知了振翼而鸣，半夏生长，木槿花欣欣向荣，等等。

"有女同车，颜如舜华。"舜华，就是朝开暮落的木槿花。我对木槿花并不陌生，在故乡的老院子里，门前有一株粉红的木槿，还有一棵酸杏树。从内心亲近木槿，是因为木槿花好吃，嚼起来甜甜黏黏，可解缺乏零食的嘴馋。在那个糖果都是奢侈品的七十年代，木槿花的存在，成了我最甜美的童年记忆。况且，木槿花还可以油煎与裹面炸食，真的是食品匮乏时代的美味。

等我大些了，便常在木槿树下看书喝茶。无论灿若云霞的木槿花，开和不开，落与未落，这树夏日的荫凉，都会是我的依恋。我喝茶的历史，大概是从对这树木槿花开建立记忆开始的。喝

茶山深处的木槿花开

茶的具体缘起，早已模糊了，可能是对大人的模仿，抑或嫌弃地表水的难以下咽。我常用的是一个白色搪瓷缸子，从爷爷的粗瓷茶罐里，抓一把茉莉花，或者是一把莱芜老干烘，先放茶，后倒水。待茶水稍微冷却，便是咕咕咚咚一阵猛喝，喝完了再去续水，正如董日铸所言：以为"浓、热、满三字近茶理"。

那时候，对于喝什么茶，不可能有要求，完全是随机的。那时的茶，基本都是集市上最便宜的粗茶，喝起来苦苦的、涩涩的、酽酽的。当然，那样的粗茶，也品不出回甘和其香如兰。尽管如此，我从小对茶的记忆，幸好有木槿花的清影照水，还是有些诗意的。

参加工作后，我开始接触等级较高的绿茶，尤其是在赤日炎炎的夏季，畅饮一杯翠绿春深，足以抵御似火的骄阳煎熬。一碗喉吻润，心生清凉意。暑热的烦躁难耐，竟被茶化解为清和妙时，这就是绿茶祛暑安神的玄功。

夏至这天，我一早来到茶斋，清供一枝白瓣蕊黄的木槿，沐手焚香，诵完《金刚经》后，便起身安排夏至的清凉茶会。择茶、煮水、涤器、瀹绿。茶品共有四道，安排都雪冲泡龙池凝碧和安吉白茶，由鲁姐用上投法，冲泡较嫩的径山绿茶和湄潭翠芽。

龙池凝碧，是赵恩语先生亲手炒制的绿茶。老先生隐居九华山36年，著文做茶。他炒制的传统绿茶，香气清幽含蓄，甘甜中有一股山野清泠之气弥漫齿颊。

径山绿茶，一芽一叶，烘青工艺保留其清香翠绿。玻璃杯中冲泡，如兰花朵朵绽放。径山茶独特的板栗香，又似兰香，味道鲜爽特异，饮毕喉韵绵绵无绝。径山茶在市场所见不多，但其历史的悠久、底蕴的深厚，是其他绿茶难以望其项背的。

径山茶，始于唐，闻名于宋。径山是日本茶道的发源地。南宋时，日本高僧圣一禅师与大应禅师，在径山研究佛学，归国时带走了径山的茶籽，从此，日本茶道随着径山的茶籽，在日本生根、发芽、开花、结果。同时，禅师们从径山带走的，还有径山茶宴、茶会的模式与礼仪。日本《类聚名物考》记载："茶宴之起，正元年中（1259），驻前国崇福寺开山南浦绍明，入唐时宋世也，到径山寺谒虚堂，而传其法而皈。"其中最著名的茶器，还有产于福建建阳的褐色黑盏。因径山是天目山的东北峰，所以，建盏在日本又叫天目盏。

湄潭翠芽，外形嫩绿，形似葵花籽，是我喝到的最养眼的绿茶。香气清芬扑鼻，茶芽弯弯似少女的秀眉，那种在水中交互起伏的赏心悦目，让我想起杜甫的"嫩蕊商量细细开"。

荒山坪的大叶安吉白茶，是大茶兄赠送的。外观黄绿粗放，叶片肥厚卷曲，无梗无芽，外形近似六安瓜片。但品起来却是水细甘甜，类似玉米花的香气高扬，其水厚和耐泡程度，均胜过之前的明前芽茶。桐花万里丹山路，雏凤清于老凤声。对茶而言，则是未必。西湖龙井老茶树的成茶品质，要比新培育的早熟品种高出数截。而一芽一叶、一芽两叶的绿茶，其耐泡度和香气、滋味，也要好过形美的单芽茶许多。

骄阳渐近暑徘徊，一夜生阴夏九来。夏季人体外热而里寒，要注意呵护体内不足的阳气，以维持身体的阴阳平衡。最智慧的茶饮之道，即是顺从四时、节气的阴阳变化，身心保持与自然的息息律动。《黄帝内经》云："逆之则灾害生，从之则苛疾不起。"因此，夏至饮茶，不贪生冷，也不要只图痛快。对寒性较重的普洱生茶、清香型的铁观音等，不宜过浓、过量饮用。量变总会引起质变，过浓的茶都会偏寒。对于任何的茶类，都有解暑清热功效，但皆须适可而止为妙。

虞美人映白牡丹

去茶斋的路上，看到山下的虞美人娇艳地开着，我不由得驻足观赏。虞美人吐红挂翠，极像罂粟花，但没有罂粟花的浓香。它开得袅袅娉娉娇无力，姿容大有中国古典仕女的风韵。《花镜》描述虞美人："单瓣丛心，五色俱备，姿态葱秀，常迎风飞舞，俨如蝶翅扇动，亦花中之妙品。"

《虞美人》的词调，原是唐代吟咏虞姬的教坊曲，因其缠绵旖旎，才被文人推崇，便成了著名的词牌名。虞美人是花中的妙品，按韵填词的词牌《虞美人》，更是词中的婉转妙音。如李后主的绝命词"春花秋月何时了"。

有人说，垓下之战的虞姬，在听完项羽的慷慨悲歌之后，便怆然挥剑，以歌和之，舞罢自刎。一代美人，香消玉殒后，鲜血上开出了虞美人花。

我回到茶斋，虞美人的艳丽藏悲，娇媚含怨，仍挥之不去。这首美人曲，从唐代一路逶迤而来，一唱三叹。我的意识仿佛穿越到

唐代，见有美人怀抱琵琶，轻拢慢捻抹复挑，轻吟浅唱着虞美
人。女人的韶华，是经不起寂寞弹唱的，弹着弹着，黑发渐渐成
雪，就老去了。

有一种茶叫白牡丹，却是新茶"银装素裹"，形似花朵，不惧时
光流年。即使老去，也会变得香气迷人，汤如朝霞。茶的老，不
是红颜劫灰，是凤凰涅槃，浴火重生。唐代卢仝的七碗茶诗里，
有"五碗肌骨清"。当茶喝到第五碗时，肌骨会变得清灵美丽。

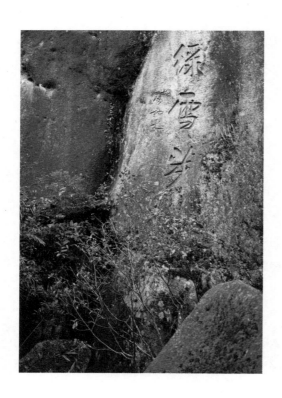

若果真如此，唐代的美人们，不仅渴望自己像茶，而且也会主动地学会喝茶，茶中自有心颜如玉。

白牡丹茶，传说是由白色的牡丹花变成的。类似茶的传说很多，故事编的既缺乏常识，又过于牵强附会，不必深入探究。白牡丹茶，其实是政和、福鼎的大白茶品种，茶青采摘一芽一叶或一芽两叶，不炒不揉，经过凋萎和低温干燥而成。它以灰绿色的叶片夹着银白色的毫芽，形似花朵，冲泡之后绿叶托着嫩芽，宛若牡丹的蓓蕾初开，故名。

昨天灵芝来茶斋喝茶，还问起白牡丹与寿眉的区别呢？白牡丹和寿眉，毫芽的大小有所区别，寿眉的芽长低于2cm，而大白的芽长至少在3cm以上。二者最本质的区别，在于茶树品种的不同。白牡丹属于大白茶，采自无性繁殖培育的中叶或大叶种乔木型茶树。而寿眉属于小白茶，来自当地名为"菜茶"的有性群体品种。在福建的茶区，一般把种子繁殖的小叶种灌木茶树，称为"菜茶"。少于修剪的大白茶树，枝繁叶茂，茶丛多在一人多高。在政和的高海拔茶山上，我见过很多野放的老丛大白茶树，单株多在四米多高。

昨天品的白牡丹，是当年的新茶，一芽两叶，叶灰绿而毫白，干茶细嗅有雨后草甸的清香。高温水冲泡，汤色淡黄，滋味清甜，入口有津，香若野菊。又泡一款五年陈期的白毫银针，干茶无香，芽毫肥壮，年轻时的毫白，已见微黄。开汤橘黄清亮，入口甜润，回甘悠长，香气清雅，如梨花初绽。这样的茶，温品尤妙，如啖秋梨。

清晨几枝红花，昨日一席白茶，绚烂和素淡，不过在一水之间。如是在繁华落尽、华鬓染霜之际，仍可安之若素、啜之淡然，未尝不是一种人生的觉醒与通透。仔细想想，世间没有多少事物能像茶一样，青春时素淡，经过跌宕的沧桑流年，在水中还能泛出本真的醉人红颜。

白茶的素白味淡，源于简单环保的加工方式。不炒不揉的茶，保持了年少时的清浅笑靥，素朴纯真。三五载的陈化后，青涩的草香气退去，渐渐滋生出令人心动的情愫。仅仅是这淡淡的秋梨香，就清凉甜润得让我无法相忘。我多次品过原政和茶厂，1982年出口的一款老白茶，陈期已过三十年，叶片黑红，已碎片化，水沸瀹之，色深红，汤油亮，入口粘稠甘甜。前五水，木香、粽叶香、药香融为一体。后五水，越饮越甜，以木香和粽叶香为主导，但淡淡的沉香和药香，仍会出没其间。十水后，老茶特有的汗感，喉咽部的清凉感，茶汤入腹的温暖感，老茶饮完的饱胀感，同时具备且表现得淋漓尽致。

"质有余也，不受饰也。"孔老夫子的这句名言，最适合形容白茶之美。它出身清寒简单，没有虞美人与生俱来的富贵灿烂，但在清淡的时光里，它仍如清水芙蓉，素朴明媚，以一叶之微，淡然直面岁月的雕琢。

照水芙蕖细细香
教女学做荷花茶
凭海临风口噙香
小暑听琴老茶香

小暑听琴老茶香

倏忽温风至，因循小暑来。一年过半，便是小暑时节。

小暑这天，赵家珍老师的古琴独奏会，在北京音乐厅如期举行。我和济南的诸友，乘高铁来到北京。盛大肃穆的晚会，赵老师抚琴《普安咒》开场，空灵清寂。最销魂的是，古琴与尺八合奏的《平沙落雁》。尺八伴奏，如泣如诉，如怨如慕。尺八音色独特，辽阔苍凉而有古味。音色虽美，但偏于孤寂愁怨，不可久闻。尺八以管长一尺八寸而得名，相传为隋唐宫廷的主要乐器，到了宋代变成五孔尺八，后经日本的遣唐僧东传日本，遗传至今。

曲终人散的夜深，大雨滂沱，冒雨来到苏兄位于国子监的茶室。老友、老屋、老茶，瘦竹影窗，秉烛夜饮。悠悠淡淡的熏香清凉境里，苏兄银壶煮水，朱泥壶瀹泡"龙马同庆"老茶。汤如血珀，厚滑沉凝，参香、药香、陈香，香溶于水。柔滑的茶汤，入口即化。三水直喝得微汗涔涔。茶过数巡，尾水木香味浓，甘甜清润。古声淡无味，老茶陈更香。一款老茶，历经岁月砥砺，淡去苦涩滋味，丰厚草木陈香，把原本属于青春的刚猛烈酽，悄悄

地隐藏在浓厚的茶汤里，润物无声。人当如茶，必要的蛰伏，是沉淀，是等待。伏久者，飞必高。

茶很简单，有诸内必形之于外。每一款老茶，都是不同内质的茶，在各自存储条件下的照见。普洱的小树茶，如人之少年，血气方刚，苦涩锐利，滋味协调性差。虽香气高扬，但厚重、韵味欠佳。百年的大树茶，阅尽春色，如百岁老人，淡泊沉静。其茶汤稠厚，滋味平和；香气丰富，余韵悠长；苦涩不彰，回甘生津尤佳。

传统石磨新压的茶饼，条索黑绿，微微泛黄，白毫点缀其间，如翠叶有芒。陈化经年的老茶，饼面油润，金毫彰显；饼面的边缘，会有些松散；香透棉纸，其上或有红褐的茶泪浸渍。其汤色由橙黄、橙红、石榴红、宝石红，最后转为深沉的酒红色；香气会从青草香、花香、蜜香，逐渐转变为花果香，乃至令人愉悦的陈香、药香、枣香、木香等。茶由新到老，滋味从峻烈转为平和；汤感从凌厉变得厚滑；茶气从刚猛强烈，逐渐变得含蓄内敛且渗透性增强；茶性从清寒慢慢变得温情脉脉。茶如四季，苦寒退去，就是人间的四月天。

第二天，我和冀川兄去晚香茶舍，拜访了台湾的李老师。在光影玲珑的素雅茶空间，我又看到了那只李老师视若珍宝的白瓷茶杯。这是一个曾经碎过，焗了二十余个铁钉的普通老杯，此刻仍能吸引我的目光，让我流连驻足，让我感慨万千。李老师曾说：

暗香盈袖饼茶

"品杯是茶人的衣裳。"一个"敝帚虽微亦自珍"的人，一定是一个有温柔情怀、对茶充满爱心、敬天惜物的真正茶人。悠然与心会，物物皆冲融。我常对学生说，学生和老师需要相互认同，教学相长。知遇一位合格的习茶老师，就是一个寻找被褐怀玉、清香如茶的茶人的过程。

在一布好的古典茶席上，李老师用五行陶壶煎水，瀹泡一款条索褐红的老茶，那是一泡1949年的老铁观音。我望着青花老盏里，弥漫着茶烟水汽的宝石红茶汤，始信一茶一盏其中所蕴含的全部意义。茶与盏的匹配，犹如伯牙子期，高山流水。茶汤入口，汤感濡滑，气息温润，参香怡人，喉吻清凉，不时，后背已是温暖微汗了。老茶亦如有智慧的老人，外表貌不惊人，不再靓丽，甚至有些邋遢，但却蕴藏着能迅速渗透血脉、温暖周身的力量。

对于古琴，现代人追求金石般的清亮声响。对于品杯，有些人热衷于釉面开片或画工繁杂的器皿。对于茶，习茶人偏于追求轻火与高香。人们过分地追求事物的美丽表象，是因为眼睛无法感受到心灵折射出的含蓄幽光。要想成为真正的茶人，还需读透该读的书，走过该走的路，并时时关注自己的内心方可。琴、器、茶、人的内蕴之美，传统上是以和田玉的"温润以泽"作为标准的。从那只焗满钉子的啜香旧杯上，或许我们能够悟到些什么。

凭海临风口噙香

年复一年，当济南暑热难捱时，我便如候鸟一般，携女儿漱玉去海边陋室，凭海临风、读书喝茶，消磨数日。

尤其是黄昏，我喜欢斜倚在宽大的露台上，喝茶盘玉，读书沉思。也常让漱玉陪我在这里喝茶，随意布个小席，插枝野逸的小花，找束清素的绿草，让12岁的女儿通过亲近茶，感受自然和传统之美。有时候，茶席上会有不请自来的蛐蛐、蝈蝈，在杯盏间腾挪跳跃，惹得女儿手忙脚乱。这才是生动自然的茶席呢！席间不唯有茶香，更有生命气息萦绕在茶席间的怦然。

在海边，我一般用自来水泡茶，有时也去数里外的山下，觅泉汲水。海边的自来水，略带海苔的味道，有几分像老丛水仙的丛韵。好茶自有一种清芬萦绕，水质稍差时，可把水多煮沸几次，然后再去高温瀹泡，如此，则瑕不掩瑜。

在海边随意的喝茶，是闲中静品，淡中自有芬芳。在这里陪女儿喝茶，没有功利，没有刻意。因此，我带来的私房茶，都无需洗

女儿漱玉

茶。好茶来自云雾高山，幽谷深涧，金玉不足喻其质，与世人相比，茶要纯净许多。是人心有染，为何要埋怨茶不干净？假如茶被污染了，又岂是一水两水能洗干净的，又焉能入口？

海边的生活，简单而有规律。早上带孩子去市场买菜，漱玉非要买活蹦乱跳的基围虾。我告诉孩子："万物有灵且美。古人对待生命，扫地恐伤蝼蚁命，爱惜飞蛾纱罩灯。你不是常说，小动物是你的好朋友吗？旁边刚死去的虾，既新鲜，每斤又可便宜15元，购之岂不两全其美？"可爱的女儿听明白了，便会破涕为笑。不主动杀生就是放生，不必为了口腹之欲，去结些莫名的恶缘。

下午，我一般带孩子去海边游泳。我常告诫女儿，要熟练学会游泳，父母和你相伴的日子毕竟有限，人世间水火无情，游泳是无常的生命中，能够实现自救的基本生存技能之一。

我喜欢这片海滩，沙细，滩缓，水美，山奇，如此银白柔软的百里沙滩，我只在广西的北海、海南的三亚见过。今年的海水中，已见有缕缕的浒苔招摇。丝丝的浒苔，是大海无言的伤悲，是无法承受水体污染的大自然，对人类最后的警告。我作为一个大海的过客，只会在上岸休息时，和孩子一起，尽自己所力，将冲击到岸边的浒苔收集起来，深深地掩埋在沙子里。

我感到欣慰，孩子独自在波涛风浪里击水，游弋自如。我希望孩子的眼里，有清风明月，有大海沙滩。也要去尽可能的经风雨、见世面。脑子里只有功课作业，童年和青春经不起回忆的孩子，无疑是可怜可悲的。

傍晚，我陪孩子去海边荡秋千，散散步，然后喝茶清谈。看海上生明月，观潮起潮落。在海天一色里，漱玉能够很有感觉地吟诵张若虚的《春江花月夜》。优秀的古诗文，不仅需要熟诵，而且最好能创造条件，把自己的身心也一起融入诗境，用心灵，用一生，去慢慢咀嚼和体悟。

教女学做荷花茶

海边陋室的栖居生活，让我躲开酷暑，得几日清凉。远离都市的喧嚣与车马劳顿，让自己沐浴在水光山色里，心灵才能真正安定下来。

在海边小居度假，一切突然变得轻快简单。无电视之烦扰，无网络之劳神。即使打着赤膊、穿着拖鞋，草帽遮颜过闹市，也无需在意什么。 素朴的生活，让我没有太多的欲望。一碗饭，一盏茶，一卷书，一枝花，就是一日的清清淡淡。生活的一切，依靠双脚和自行车，都能很环保地解决。远离电视和网络，买菜做饭，读书喝茶，让我平静了很多。于事于物，进退有盈，多了沉思，少了愤青。把自己融入自然后，进入视野的一切事务和困扰，便会很轻松的迎刃而解。

我常在海边散步，盘着一块老玉，不必西装革履，无须谨言慎行，不会因衣劣而露怯，不会因室陋而自卑。在皎皎明澈的海边，世人追捧的许多奢侈品，可能会成为累赘。圣初法师喝茶时曾对我说："自傲于人，一定是为了掩饰内心的自卑。"海边的生活，简单而朴素。豪华与奢侈，融不进天蓝云白和山长水阔。
于此，我甚至困惑过，蜗居在污浊焦躁、水深火热的都市中，为
名忙，为利往，尔虞我诈，虚苦劳神，是否是人生的必须？

女儿常喃喃自语地说，海边的天真蓝，云真白。我告诉女儿，有
白云飘着的天空，是诗意的。在蓝蓝的天空下生长，是健康的。
身居神清气爽的栖息之地，心灵会变得洁净，神情会变得安详。
新鲜的空气，比不必要的物质更重要。都市虽好，灰灰的天空
里，滋生着灰灰的心情，浮尘遮望眼，怎会看得远？

我和女儿在小区北侧的荷塘边散步，晚霞染红了竞相开放的白
荷。女儿突然对我说："如果你有足够的钱，就去买一栋海边的
别墅吧！"我笑着对孩子说："如果人有无限的欲望，怎么会有
足够的钱呢？"年仅12岁的女儿听完一愣，或许她还不能真正明
白。我便笑着说："走，回家吃饭，明天来做荷花茶。"

第二天的拂晓，荷塘里的清露未晞，我征得主人李大爷的同意，
涉水踏入荷塘，采了三支含苞欲放的白荷。回到家里，我让女儿
把装满清水的塑料瓶子拿来，把一茎清香的荷花，分别插入瓶中
备用。行囊中，正好有雯嫣女士馈赠的普陀佛茶，我让女儿把茶
均分到三个滤纸袋中，从顶部轻轻拨开白荷的花瓣，把纸袋塞入
花骨朵内，用白线把花朵轻轻地束缚住。然后，把瓶插荷花放置
到阴凉通风之处，让它生长酝酿。佛茶便在白荷的花瓣里，安静
地熏染着幽香，于花深处，做一场冰雪清梦。

茶窨花香的24小时后，荷花有清水的滋润，疲态未显。此时，就可以取出在荷花中窨染的茶了。如果不立即去喝，就要利用身边的热源，把茶烘干后密封。当然，如果条件完善，也可把茶如此反复地窨制两到三遍，让清幽的荷香渗透到茶的骨子里。闲暇品来，必然会香远益清，别具一番滋味在心头。

夏日里做荷花茶，沈复在《浮生六记》里，这样回忆芸娘："夏月荷花初开时，晚含而晓放，芸用小纱囊撮条叶少许，置花心，明早取出，烹天泉水泡之，香韵尤绝。"

就是这个"有友来时"，为爱人"拔钗沽酒，不动声色"的芸娘，曾经用曼妙的心思，用饱蘸莲芬的感情，为沈复巧做着莲花茶。在清贫的日子里，因陋就简，用瓦壶清泉，有滋有味地经营着她的爱情。是男人都会爱芸娘。林语堂曾不无感慨地说："芸，我想，是中国文学上一个最可爱的女人。"

有了荷花茶，更欣喜在小区的东北方，又找到一眼泉池，清泉煮茗自甘肥。朝暮晨昏，习习海风里，我和女儿炉煎甘泉，碗泡荷花茶。花的莲芬，茶的香韵，波光潋滟中，让我常有"误入藕花深处"的错觉。

照水芙蕖细细香

小暑，我仍在祁门问茶，接到双且兄的短信，要为某刊写篇关于夏日茶席的文章。当时心里没底，但碍于情面，便毫不犹豫地答应了。

茶席的设计，侧重应用，要把设计思想有理有据地落实到文字上，不是一件轻松的事。回到济南，斟酌再三，始终不敢落笔。一个雨后的黄昏，我路过城北的荷塘，清香扑面，触景生情，想起了苏轼的《江城子》："凤凰山下雨初晴，水风清，晚霞明。一朵芙蕖，开过尚盈盈。"苏轼词中的盈盈芙蕖，我还不能猜透，是"十年生死两茫茫"的王弗，还是相知甚深的朝云，抑或是风流娴雅的弹筝人。究竟是谁？或许已不重要，因为在苏轼的深情里，有为王弗"料得年年肠断处"，为朝云"不与梨花同梦"。

荷花，是农历六月的花神。采一枝含苞待放的花骨朵，几片翠绿的小荷叶，入我的茶席，也算是顺时应季了。待我把荷花带到茶斋，素面粉晕的荷花，有几瓣已自然脱落了，恰好作为盏托使用。"娇黄莲蕊有香尘"的小莲蓬，在荷叶的簇拥下，清供在宋代影青执壶里，显得分外精神。

为了照应茶席的氛围，我选梨形朱泥壶，瀹泡普洱熟茶"敬"字饼。茶汤色如石榴红，糯米香里泛着荷花的清贵气息。在茶的香气中，因何别具莲花一段幽？还是让水慢慢把茶润开，让壶娓娓道来。

"敬"字，是我珍藏的一方青铜汉印。"敬"在日本茶道里，与禅宗息息相通，它源于禅宗的自性清净，见性成佛。日本茶道成功吸收了"我心即佛，心佛平等"观念，认为众生在佛、在茶面前平等无二，那种自性流露出的无我与尊重，就是因"和"而"敬"。因"敬"字汉玺而精心制作的"敬"字饼，一直陈放着，也是许久未品了。从来不著水，清净来因心。在今夏的朱泥壶里，便造就了一段茶与水的姻缘。花开水湄，芙蓉向脸，味香若荷，香远益清。茶秉花香，馥郁清奇。若花也携了清凉的茶意，于茶斋里供养，便多了点禅悦与文人气息。

看取莲花净，方知不染心。观照茶席中荷的简素，中通外直，不蔓不枝。我在席间也省去了匀杯，瀹泡分茶便快捷、流畅了许多。器具简洁，简单喝茶，少了挂碍，多了清净自在。清代的董小宛与冒襄吃茶，就是各持一壶一杯，"每花前月下，静试对尝，碧沉香泛，真如木兰沾露，瑶草临波"。茶性清净，独品曰幽，任独斟饮，方得真味茶趣。

吃茶简单，是破除我执，减少挂碍，远离颠倒梦想。简单吃茶，是万缘放下，趣从静领，是绚烂过后的平淡。恰恰用心时，恰恰无心用。当吃茶走向刻意、繁琐，当欲求陷入炫耀、奢靡，离"道"就会谬之千里。删繁就简三秋树，是周而复始节气的自我修正，其中蓬勃着无法阻挡的摧枯拉朽。茶生草木间，茶席本应是自然的一个片段或者缩影，因此，这种不刻意，这种少消耗人力、物力的自然简素，与陆羽《茶经》提倡的"茶性俭"，才是

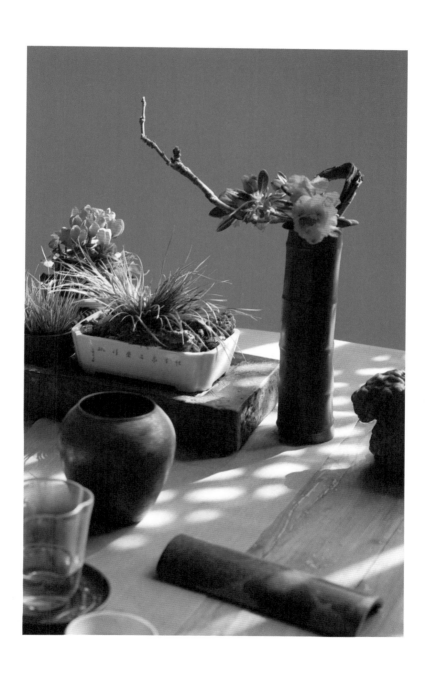

茶味　初见

一脉相承的。

壶中养内涵，盏中品淡泊。茶含羞不语，在壶里酝酿着自己的故事。前生今世，幻若一梦，流淌到盏，盏里盛满莲的心事。照水芙蕖细细香，亦如这盏绯红的茶汤。吃茶时，恰逢旧友来店，问我："张老师，这一席茶如此清雅，叫什么呢？"我半开玩笑地讲："壶说，莲的心事。"

有思想的茶席，绝非是器物的堆砌，最好带着点禅意。禅是什么？禅是言语道断，心行处灭。赵州八十犹行脚，只为心头未悄然。这"悄然"，如人饮茶，冷暖自知。其中的清闲滋味，更是不足为外人道也，如何道？

大暑

一滴水中涅槃心
大暑随心闲吃茶
伏天吃茶莫执着
瀹饮千家寨古茶

一滴水中涅槃心

茶行天下，总有疲惫之时。翠竹掩映的安吉第一滴水茶馆，是一个安顿心灵，令人松弛，能坐下来慢慢喝茶的妙处。馆内的一花一草，或青翠欲滴，或怡红如棠。一器一物，或近幽，或从拙，让人感觉温暖亲近，却又超凡脱俗。这种曼妙的近人设计，让茶馆有了动人的新意。

我喜欢坐在古老的海棠花格窗前，静静地啜一杯茶，看窗外的翠竹、芭蕉摇曳，看细碎的阳光穿过窗棂，把枝叶影印在茶桌上，把花影跌落进茶汤里。我常对茶友们讲，如此幽微灵秀之地，主人定有涅槃妙心。

一个让人流连的茶馆，考量的是馆主的文化底蕴和诗意妙心。千里迢迢来喝一盏茶，享受的不仅是味蕾上的美妙，心灵上的默契，还有对茶的正确认知。茶馆里的一枝野花，一个莲蓬，一段枯木，一片绿叶上滚动的露珠等，都有可能成为触动心灵的某种契机。这种感觉，就是对氤氲着茶香、洋溢着诗情的茶馆，最动人最深刻的记忆。

同为爱茶之人，我和钱群英一见如故。等熟识习惯了，便亲切地叫她钱馆主。馆主是一个圆润且有佛相、和蔼可亲、散淡率真的人。她的一言一行，吴侬软语，极具亲和与感染力，尤其她那一身素雅的居士打扮，举手投足间，散发着慈悲的佛骨禅心。

与钱馆主在茶馆喝茶，谈得最多的还是茶。她常说："茶是清净之物，保护好茶山的良好生态，才能培育出真正的好茶。茶毕竟是农产品，只有把茶做好了，愉悦的茶汤滋润了心灵，附丽于茶上的文化，才会如雨后草甸上的地衣，绵绵地生发出来。"一席质朴平实的话语，于我心有戚戚焉。我也常讲："茶是入口之物，一定要谨小慎微，亲力亲为，把好健康与质量关。采茶做茶，须持恭敬心，靠近传统，问茶源头，阅微纯料，做自己也能

安吉白茶

喝、也敢喝的良心茶。"

为了把安吉白茶做出自己的特点，钱馆主在深山里的金竹坪，开辟了生态茶园基地，修篱种菊，养荷栽梅。那散发着清灵幽香的特色茶"素梅"，就是她用基地的素心磬口蜡梅，薰窨山上的安吉白茶造就。我笑着对钱馆主说："等用山上的松树，做出松针茶，把野菊花做成水玲珑，把淡竹叶做成竹叶青。松竹梅菊，这自然天成的四君子茶，三径花香清欲寒，可谓清雅之至呀！"

有一次，我在茶馆待得很久，便与孙兄用今年和去年库存的安吉白茶，摹习宋代的点茶技艺，感受点茶的香重甘滑，入盏馨香四达的雅趣。

我们用竹根作研磨器，在斗笠盏内把干茶磨碎。取茶末三克，倾入兔毫盏内，注入一点沸水，用茶筅搅匀。再注水至兔毫盏的水线位置，指绕腕旋，快速搅拌击拂茶汤。盏面顿时云雾渐生，清真华彩。茶末或浮或沉散布水中，灿然泛着鲜白，如疏星皎月。

欣赏完意趣盎然的汤花水脉，我用青花汤匙分茶，其后慢慢品啜，细细领悟，恍若隔世。用新茶点，香高苦重。用去年的旧茶点，味厚甘润。点茶效果的新不如旧，让我开始思考，像安吉白茶这类高温杀青的绿茶，只要保存得当，茶的滋味会愈发甘甜厚重，就像生活里的"人不如旧"。试想宋代使用的点茶，既无冷冻储藏，也无真空包装，加之运输路途遥远，茶到品时，已陈化良久，却能"斗茶味兮轻醍醐，斗茶香兮薄兰芷"。宋人吃茶，有传统的文人趣味。不像现代人，逐新厌旧，重香气而轻况味。

宋人以饮茶为尚，饮茶之法又以点茶为主。蔡襄的《茶录》记载："茶之佳品，皆点啜之。其煎啜之者，皆常品也。"

古人吃茶，莫说是庄重的仪式、风雅的茶器，仅隽永的汤花之美，已令我辈折服。我常常在想，为什么到了今天，我们已读不懂古茶诗里所描绘的那种意境？为什么对《茶经》里"叶卷者上"缺乏足够的认知？究其原因，不仅是千余年来饮茶方式的不断革新，很多茶器与技法已经消亡，而且更重要的是，我们弱化了知行合一的学习方式。

陆羽把茶树新叶向后被卷的形态，列为判断好茶的标准之一，是他在走过万水千山之后，从对无数茶山生态的野外考察中，提炼出来的直接经验。有经验的茶农常说，好茶叶是吃露水长大的。新梢的叶片是否向后被卷，最能直观反映茶山的空气湿度条件。相反，阳光直射、稍显干旱环境中的茶树叶片，大多呈现"叶舒者次"的状态。

真正的审美，来自于触及灵魂的思考。一滴水中照见茶中百态，映出万千世界。对茶馆的诗情画意，钱馆主似乎并不满足，她又放眼深山的生态茶园，在此搭建了一处原生态的茅棚，取名"云半间"。我喜欢这座掩映于幽篁花木中的茶寮，有"白云生处有人家"的野趣闲幽。尤其是那个"半"字，最能体现出主人的散淡与洒脱。在这半间茅棚里，可以"半壁山房赏明月"，"一盏清茗酬知音"，此乐何极！我和钱馆主相约，等山上的第一场雪落下，我们就去"云半间"，扫山涧竹叶煮泉，消受山中茶一杯。

大暑随心闲吃茶

大暑时，高温酷热，暑湿逼人，是一年中最热的时节。在民间有饮伏茶、晒伏姜、烧伏香的习俗。伏茶，顾名思义，是三伏天里喝的茶水。在三伏天里，古时候的淳朴乡民，会把由金银花、夏枯草、甘草等煮成的茶饮，放在村口的凉亭里，供路过的陌生人免费饮用，以清热、祛暑、解渴。这个良善的习俗，据说在温州某些地区仍有传承。

大热的天，成都的素奕来到济南，带来了她在武夷山亲手制作的一款特殊的茶。这款茶，据说是她在去年的寒露，采摘悟源涧的肉桂茶青，完全根据上师的要求，全手工精制而成的。整个做茶过程，她说涵盖了六大茶类的主要技法。她做这款茶时，我恰好在武夷问茶，虽然没能目睹其全部环节，但是，从她消瘦疲惫的神态里，我能猜出熬夜做茶的辛苦。衣带渐宽终不悔，为伊消得人憔悴。沉浸于茶，也是爱茶的一种境界。

她的茶，只有她最懂。懂得茶的心思，知己知彼，才能还原出茶的神韵。她用随身携带的扫云白瓷斗笠盏，用冰水碗泡她的神秘茶。浸泡半小时后，银匙分茶，汤色金黄，清爽甘甜，微微有花香盈口。这盏名副其实的"冰红茶"，是暑热里难得的一剂清凉。随后她又改用沸水碗泡，汤色橙红油亮，花果香渐渐地释放出来，茶汤里确有红茶的甘醇，乌龙茶的芬芳。

素奕问我如何评价这款茶，我说："这茶的发酵程度，介于乌龙茶和红茶之间，很像台湾的东方美人。但茶很主观，自己喜欢就好。自己用心做的茶，只要随心适口，享受了其中的过程，便是苦中作乐，乐在其中了。"做茶的真正乐趣，是品啜甜美，是分享愉悦，也是但问耕耘，不问收获。瑞士的语言学家巴利说过："人生像一杯茶，若一饮而尽，会提早见到杯底。"所以，饮茶需要沉静下来，慢悠悠地品。参不透的人生，才会蕴藉有味。

黄昏的一场雨，让天气变得稍稍清爽。送走素奕，我回到书房，继续读《金刚经》。天青蚰耳香炉内，焚瑜伽行者香，青烟散尽，心意清凉。古人在大暑的"烧伏香"习俗，大概也是为了燥湿驱邪，芳香化浊。

读经毕，我从差旅随身的行囊中，找到一泡遗忘已久的西湖龙井，色转灰黄，豆香犹存。取小朱泥壶瀹泡，较春末时更为水滑甘甜，火气退尽，香已入水。泡茶需要用心。泡茶可让人沉静下来，也可沉静下来再去泡茶。比如焚焚香，读读经，插枝花。把心沉于茶中，茶里便泡出了自己的气息和味道。

西湖龙井群体种

一款靠近传统的好茶，无论怎样泡都会好喝。水温高点，香气容易激发出来，滋味浓厚。水温低了，茶的苦涩度会有所降低，但香弱汤薄。不同境地的人，在对茶出汤快慢的把控中，便各自具足了各自的滋味与气韵。

如果陷于刻意作秀的程式化泡茶，忽略了对茶的判断及心灵的关照，泡出的茶，要么寡淡无味，要么苦涩少香。而过于讲究茶的泡法，无非是挖空心思，去粉饰掩盖某类茶的缺陷。这种执着的沉重，使茶少了散淡的逸趣。清清爽爽一盏茶，乐乐呵呵每一天。人生如茶，苦短味长，包容了茶的优点与缺陷，就是解脱了执着于茶中的自我。

一款好茶，如正在瀹泡的西湖龙井，工艺因循传统，虽常温存放数月，颜色由糙米黄绿转为深黄微褐，然而，茶汤却更甜滑绵长，香愈沉而味益厚。如是一款低温杀青的绿茶，当仅供观赏的嫩绿，随时光黯然失色之后，茶汤里便会滋生出一种劣化的青草味道，甚或有杂味并现。传统的高温杀青方式，扬清激浊，使茶青在高温中脱胎换骨，耐得住岁月的磨砺而难移其节。

大暑饮茶，宜无伤其阳，保护好自己的脾胃。若久居空调之室，人体外寒里寒，饮茶宜熟普、焙火到位的乌龙茶、红茶为主。其他茶类，包括绿茶、白茶、生普适饮即可，禁忌过浓过量。

除了茶，大暑时，民间还有把生姜切成薄片，在房顶上"晒伏姜"的习惯。老人常说："冬吃萝卜夏吃姜，不用医生开药方。"我也常对朋友讲："晒太阳，是穷人最好的钙片；多食姜，是夏季最佳的补药。"

伏天吃茶莫执着

一夜的大雨滂沱，未解泉城暑热。早饭后，和女儿共饮一壶白毫银针，清淡甘甜，祛暑润心。好茶的人，大抵如此，只有以茶把自己喝透，一天才会舒展和精神。

中午，驱车偕筝，陪孩子参加古筝的晋级考试。评委老师的一句话："孩子弹得不错"，让我深感欣慰。漱玉习筝，缘起于中央音乐学院的赵家珍老师。赵老师来店吃茶，即兴弹奏《梅花三弄》、《潇湘水云》、《捣衣》等曲。晚归时，女儿说古琴好听，我问她想学吗？女儿问我难吗？我说，琴为心音，相对于她的年龄有点难。孩子问那咋办？我说学古筝吧！入门比较简单。漱玉自此开始习筝，三年之余，基本是有兴即弹，随心所欲。既然是玩，就不能让孩子感觉有太大压力。孩子徜徉在曲调优美的传统音乐里，如能"有声移性情，丝竹涤胸襟"，也算是快乐童年的一份收获。中国传统文化的研习，就像传统茉莉花茶的制作，待到大暑里，茶才有机会与鲜花相遇，让茶吸足花香，茶里却不见花。一切重在"润物细无声"的熏陶，等熟稔了，便会"操千曲而后晓声，观千剑而后识器"。

譬如一碗茶汤，粗喝，润喉解渴；细品，才能了然其中的韵味。
唐代温庭筠有诗："疏香皓齿有余味，更觉鹤心通杳冥。"如仅
沉醉于茶的甘醇芬芳，习以为常，茶便成了自然而然的生活方
式。 一日不饮则滞，三日不饮则病。看似寻常，其实，茶会不经
意地改变我们的习气与人生态度。

情不重，不生娑婆。既生娑婆世界，人事无常，承受不如享受。
忙里偷闲一杯茶，苦中作乐几生涯。茶能祛襟涤滞，致清导和。
赵朴老的一句"空持百千偈，不如吃茶去"，成为开启般若智慧
的绝唱。生于末世，活在当下，人生更具意义。往事越千年，苦
海无边，执着是苦，不如般般放下。在武夷山天心庙的入山口，

有一副对联这样写道："到此般般放下，从此步步高升。"茶喝尽了，要及时把盏放下。空故纳万境，以放空的姿态去品下一盏茶，下一盏里自会有下一盏的况味。般般放下，身心轻快。人生之惑，却难在放下。

茶，南方之嘉木也。生于阳崖，长于阴林，其性冲澹闲洁，韵高致静。若能从茶汤中，观照出本性的一味清净，就是最真切的禅茶一味。禅茶一味，不是什么玄学，也不难理解。简单地讲，"禅"本是一个衣单之人，安之若素，不以物喜，不以己悲，能在茶中照见自己的内心，让自己平静下来，宠辱不惊，茶味里便具足了禅味。"一箪食，一瓢饮，在陋巷，人不堪其忧，也不改其乐"的颜回，不就是"禅饮一味"吗？儒家的闻道和佛家的悟禅，殊途同归，其理一也。

茶分六大类，分别是绿茶、红茶、白茶、黄茶、青茶、黑茶。同一株茶树的茶青，可以按照不同的加工方式和氧化程度，同时做出六种茶来。这近似于禅宗的"一花开五叶，结果自然成"。但无论是哪一种茶，其保健功用基本相近。茶的主要功效在于抗氧化，调阴阳，防病于未然。茶性随茶种、环境、发酵与焙火程度的不同，存在着寒与凉的差别。世界上不会有热性的茶，这是由茶的根本属性决定的。

不炒不揉的白茶最凉，功同犀角。通过杀青、发酵、渥堆、干燥、焙火、陈化等手段，可以改变茶的苦涩与寒性。不要一提到

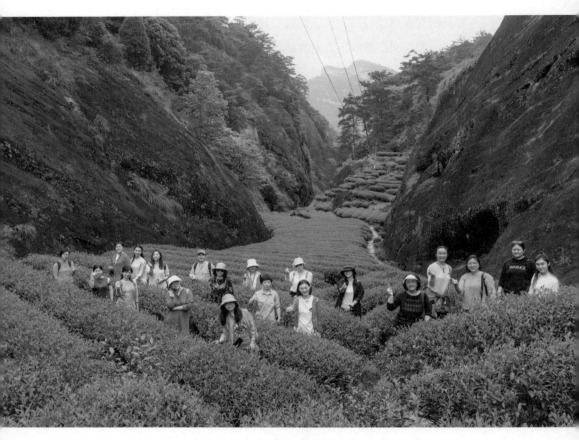

带同学们武夷游学

绿茶，不加分析，就误以为寒而伤胃。中国人至少喝了一千多年绿茶，它不也是公认的最健康的饮品吗？较寒与刺激的，是那些杀青不到位、制程不规范的夏秋茶。杀青到位的头采绿茶，同样可以幽而不寒。

半发酵的武夷岩茶，通过后期多次的精制焙火，茶会变得微凉而不刺激。 而清香型铁观音，虽同属于乌龙茶，但因采得过嫩，发酵程度太轻，干燥温度过低，其干茶的外观、汤色和叶底的颜色，或深绿或黄绿，寒性却甚过绿茶，这即是很多人饮后胃肠不舒服的主要原因。其实，茶对胃肠的刺激，不只与寒性相关，与茶多酚的含量及氧化程度都有关系。上佳的传统红茶，如正山小种，与年份趋老的茶类近似，随着时间、存放环境、汤色的橙黄与红褐转化，会渐渐趋于醇厚而微凉。因此，对于某些茶类，不能过于执着，更不可过量嗜饮。要根据季节的变化、环境的不同、自身的体质、口感的喜好，在每个茶类里，都能寻觅到适合自己的茶，从而调节好身心的阴阳平衡。入口之茶，只要绿色生态，适口愉悦，早春晚秋都有上佳的茶。

瀹饮千家寨古茶

云南九甲乡的罗兄，寄来千家寨的古树散茶，条索肥大，黑质白毫，茶香透纸，蜜香暗绕。

品如此凝聚着原始山野之气的佳茗，应该像古代文士那样，结庐在山林幽壑，汲清泉，拾松针，煮茶于茅舍檐下，耳闻流水清音，目送流霞眉月。可惜，我不算是文人，只能在茶斋，找一个轻阴微雨的午后，与两三朋友共品。

雨停了下来，王禹兄过来喝茶，带来了十余枝新鲜的莲蓬，清馨的荷香，弥散茶室。他很会挑选莲蓬，选择青翠且细嫩小巧的半成熟莲蓬，风干后插瓶要文气一些，让人惺惺相惜。他还告诉我，风干莲蓬时，要把莲蓬的茎杆捆绑在一起，莲蓬的头要垂直向下，悬挂在通风阴凉的环境里，这样立冬后莲蓬就能干透。清供在书房、茶室，有枯荷听雨的况味。

在淡淡的荷香里，我和王禹兄瀹泡千家寨的古树散茶。茗倾素纸，条索肥壮淡紫。细嗅干茶，山野花香袭人，清凉直抵内心。

普洱茶的毛茶

瀹泡这样的茶，需要平心静气，缓缓注水。水流脉脉，滋润着茶芽。干茶渐渐舒展，汤色泛着金黄，香漫茶室。茶汤入口，花香蜜韵，有胶质的丝丝粘稠感。那种悠然沁脾的啜苦清甜，只可意会，无以言传。

静享一盏好茶，常常让我忽略了光阴的蹉跎。这款茶，十余水里茶气劲道，花香、果香跌宕起伏，层次丰富井然，然而汤色、清甜、香气，并未有多少衰减。饮毕，齿颊生香，喉韵彰显，胸背额头微汗濡濡，愉悦畅然。

数百年的朝岚暮雨，秋月春花，早已浸透了茶树叶片的脉络。因此，从这泡茶里，能感受到其内质的丰富，滋味的平和。茶气沉

静充盈，如静水流深，却又波澜不惊。

古树茶厚重耐泡，不事张扬，像一个胸中有万千丘壑的智者，经历过风霜，耐得住寂寞，故沉淀的五味调和，回甘持久。古茶树依靠自己发达的根系，从山野的更深处不断汲取营养。最是人间留不住，朱颜辞镜花辞树。当茶树的根系开始衰老，它的生命便到达了终点。茶树与人一样，都是人老脚先老，树的脚就是它的根系。古稀之年的茶树，类似一个气血孱弱、奄奄一息的老人。当古茶树越过了它生命力最旺盛的青壮年，茶树的成茶品质，自然就会下降。并非是传说中的树龄越大，茶叶品质越好，这是违背生命规律的悖论。

其实，普洱茶存在的逻辑混乱与误区，还远不止这些。那些口感刺激、苦涩锐显的，很少会是真正的大树茶。真正的大树茶，不是不苦涩，只是滋味更协调而已。其茶汤柔和，香甜过喉，汤厚耐泡，花香、蜜香浓郁。绵绵的生津，在不易察觉的涩味中酝酿；悠长的清甜，从苦中慢慢回转出来。

如果一款普洱生茶，干茶有轻微的火香，入口清甜，不苦不涩，汤色青绿，这样的茶，可能是高温烘青、提香使然。等茶的火气退去，此类茶就会原形毕露。因此，当下清甜不苦的普洱生茶，不见得是一款合格的好茶。普洱茶的转化，在于它的"厚积堪重负"，在质厚味足中穿越时空，历久弥香。后期转化出的滋味与香气，是厚德载物，是厚积薄发。没有当初的厚，又靠什么去转化？普洱茶的魅力，在于不同环境下陈化方向的不确定性，这其中，或许掺杂了人类好奇的赌性，让人多了探寻的惊喜，具足了玩味的内涵。

晚上，我用青瓷盖碗，瀹泡八十年代的7542青饼与九九易昌生饼，发现两款茶的转化均好，特征趋同。汤红澄明，茶汤厚滑。入口苦涩度低，果香浓郁，花香窜鼻，喉韵深长。茶气刚猛，三杯下肚，有明显的汗感。当初引以为豪的山场特征，而今形同于无。尘归尘，土归土，该去的，不当留。时光的伟大之处，在于能够平抚、消弭一切，何况是茶呢？

凡是仓储良好的老茶，洗茶一道后，其存储特征，如轻微的环境味道或杂味，均会消失殆尽。此时，无论是热嗅汤香，还是分汤后嗅闻杯底、叶底，均应带有愉悦鲜活的花香、果香，或草药香、木质香等。花果香越是浓郁绵长，其茶质越是上乘。数水后，其茶汤滋味、厚度、香气不减。等苦涩消散，汤水会越来越甜，并带有清凉感。一款健康能够入口的普洱茶，首先要气息干净，这是基本准则。不应有潮湿发霉的土墙皮味道、明显的异味、杂味、樟脑球味，等等。面对混乱的老茶市场，尽量少去流连，不明白的，不要随便去碰。不贪不念，心素如简，才能无痛无殇。

立秋

素秋清饮一瓢寒
立秋寂寂茶烟苍
一盏清茗知秋味
潇潇清秋暮说茶

素秋清饮一瓢寒

秋，在五行中属金，其色白，故为素秋。素秋向晚，阳台上的罗汉竹，簇生新枝。野外采撷的旋覆花，药香犹存。闲读板桥题画诗："不风不雨正清和，翠竹亭亭好节柯。最爱晚凉佳客至，一壶新茗泡松萝。"月痕盈窗，能从一杯香茗里，品出"清和"之味，可见板桥先生已把儒、释、道融在茶与竹中。不风不雨即是"静"。其实，最能把儒、释、道的精髓链接在一起的，首先是一个"静"字。儒家的内省，道家的坐忘，释家的修慧，都集中体现了这一点。

竹子和茶，自古就有不解之缘，产茶之处多竹林苔藓。刘禹锡的《西山兰若试茶歌》写道："阳崖阴岭各殊气，未若竹下莓苔地。"阳崖阴岭是产茶的好地方，陆羽《茶经》也强调了"阳崖阴林"。宋徽宗《大观茶论》的"阴阳相济，则茶之滋长得其宜"，则一语道出了宜茶生态的本质。尽管如此，刘禹锡认为这还不够，还是在苔藓遍地的竹林里伴生的茶，更加清绝，刘禹锡的确洞烛机先。我在桐木关制作的"红袖添香"，就是生态绝佳的竹林野茶，其清甜细腻，确实是其他山场难以比拟的。

在清明与谷雨之间，板桥先生坐在翠竹下，泡一壶新的松萝茶待客。翠竹如屏，浅山如画。说明他不仅是一位品茶的行家，更是一个善于造境的茶席设计者。清茶与翠竹，本是山中清物。竹下饮茶，茶引清香，竹添幽境。茶烟竹影，相映成画。唐代诗人贾岛写有："对雨思君子，尝茶近竹幽。"钱起诗有："竹下忘言对紫茶，全胜羽客醉流霞。"明代王宗沐也有诗："如缕茶烟依竹试，半痕纹簟傍花眠。"在茶香绕竹丛的清影里，饮一盏新茶，还有什么尘心不能洗净的呢？知己把盏对酌，无需言语，一心清净了无痕。

板桥新泡的松萝，钱起品的紫笋，都是绿茶中的顶尖好茶。我曾多次问茶皖南的黄山、休宁等地，寻找传统且能入口的松萝茶，至今仍是憾事。清代江澄云的《素壶便录》记载："茶以松萝为胜，亦缘松萝山秀异之故。""徽茶首推休宁之松萝，谓出诸茶之上，夫松萝妙矣。"冒襄在《岕茶汇抄》里说："计可与罗岕敌者，唯松萝耳。"明清文人所贵的罗岕茶，遗失的是先蒸后焙的制作技艺，而非茶种。在茶的发展历史上，紫笋茶与罗岕茶的茶青，存在着一定的交集。能把梗粗叶大的罗岕茶，做得素水兰心，岂是我辈浮躁之人？

松萝茶，是明代松萝山盈福寺的大方和尚首创的。其技术源头，还是受到了苏州虎丘茶的影响。工艺近似于今天的六安瓜片，它们同属烘青绿茶。制作时必须拣去枝梗、老叶，惟取嫩叶，又须去尖和柄。松萝茶，还曾是偏僻山区的药用茶，专于消积化食。其实，除了云南大叶种之外，所有绿茶的成分均相差不大，功效基本雷同。在历史上，凡是记载"以茶为药"越多的地区，往往意味着其医疗条件越差。

古人有"松萝香气盖龙井"的赞美，松萝那种能压过龙井的香气，有记载说是橄榄的风味，这倒更令我好奇了。同样令人神往的，还有松萝茶的传说。清代《亦复如是》记述：焕龙到松萝山，问茶产于何处，僧引至后山，只见石壁上蟠屈古松，高五、六丈，不见茶树。僧曰："茶在松桠，系衔茶籽，堕松桠而生，如桑寄生然，名曰松萝，取茑与女萝旗于松上意也。"又问摘采之法，僧以杖叩击松根，大呼："老友何在？"当即就有二三只巨猿跃至，依次攀树采撷茶草。松萝茶的采摘之法，匪夷所思，这点与猴魁的传说有些近似了。

松萝与龙井茶，细究起来，还真有点历史渊源。大方和尚不仅在休宁创制了松萝茶，而且还在歙县老竹岭发明了老竹大方。扁平状的西湖龙井，就是借鉴了老竹大方的烤扁、辉锅之后形成的。只不过西湖龙井的压扁，是从锅边向锅底推压，而老竹大方的压扁，则是从锅底向锅边带压。

清代汪士慎品松萝茶，"一瓯苦茗饮复饮"，一杯一盏，回味不尽。我无缘像汪士慎一样，能品到正宗的松萝茶。我只能从与之类似的六安瓜片中，探寻松萝的滋味了。

七碗清风自六安。六安茶，唐代又称庐州六安茶，在清代曾贵为贡茶。六安瓜片大约在民国前后，脱胎于六安茶，它与松萝茶一样，都是剔除嫩芽及茶梗的叶茶。瓜片外观色泽宝绿，起润有霜。沸水冲泡，汤绿微苦，香高味厚，叶底香气若兰，杯底冷香近似苹果花香。若论绿茶的滋味浓烈，瓜片应是其中的佼佼者。这也是《红楼梦》中的贾母，对妙玉说她不吃六安茶的主要原因。贾母年高体弱，她深知六安茶和松萝茶近似，色绿香清，滋味苦寒浓冽。虽能解暑生津，消食化积，但不适合刚吃过酒食的老年人。因此，熟谙茶性的妙玉，给贾母悄悄准备了甜醇淡雅的"老君眉"。

素秋时节，寒花清事，有染枯香。我在书房里，曲几蒲团，篝灯顾影，辨听煮汤。一壶苦茗，一瓢寒意。

立秋寂寂茶烟苍

始惊三伏尽，又遇立秋时。立秋的泉城，阴雨不断，轻阴雨浓的光阴里，空气潮湿而缠绵。我坐在茶斋内，燎沉香，除湿气，起炭煮水，建水紫陶壶瀹泡熟普散茶。茶烟戏聚，游丝盘转。茶汤濡滑色艳，如旧日春色。与之前所品的同一批紧压茶相比，未经蒸压过的毛茶，汤薄气散。前几年，我有幸品过龙马同庆的饼茶与散茶。在泰安与晨歌一起，也品过五十年代台湾紫藤庐的普洱散茶。总体的结论与评价是：紧压圆茶的气韵，要胜过散茶许多。直观的经验告诉我们，普洱茶的存储，要首选饼、团、坨、砖，尽量不要长期储存散茶。

现代科学的研究结论，进一步印证了我的看法。普洱茶在后期的发酵过程中，微生物存在着有氧菌与厌氧菌的转换。晒青毛料的转化，以有氧菌群为主，而普洱茶更重要的后续发酵，是以厌氧菌群为主。只有在紧压状态且在厌氧菌群的参与下，普洱茶才能陈化出独有的衍生物质。因此，从某种意义上讲，普洱茶的散料，不管是晒青毛茶，还是渥堆的熟茶，不经过蒸压环节，品质较难得到进一步的净化与提高。磨砺当如百炼金。因为在形不成

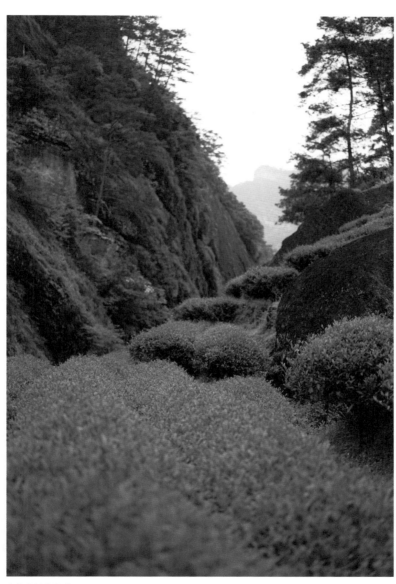

武夷山的坑涧茶园

厌氧条件的环境里，普洱散茶的转化，与红茶、乌龙茶、白茶一样，都是一个近似的有氧氧化过程。经过蒸压后的普洱茶，不仅在蒸压过程中能够去芜存菁，而且其汤色、香气、滋味及厚滑度，也会比同等的散茶表现更佳。散茶在某一时间段内，可能转化得较快，但香气可能会牺牲得较多。荣枯得失，尚需谨慎权衡。

立秋的前日，茅毅先生赴泉城，与仁修法师共筹古琴雅集。百花洲湄，曲水桥边，清泉洗心，白云怡意，一席武夷山的肉桂杂烩，直吃得馨香四达，秋爽洒然。

青狮岩肉桂，水甘香细，花香交织着桂皮香并现。牛栏坑肉桂，岩骨铮铮，栀子花香里伴有淡淡的乳香。席畔齿颊，清芬奕奕，如秋兰寂寂，似梅馥幽幽。一款好茶，带给人的不只是口舌滋味的满足，还有慰藉身心、令人愉悦的疗效，像卢仝的"两碗破孤闷"，"六碗通仙灵"。岩骨生花香，悟悦有禅味。在武夷岩茶里，虽然人人皆知"香不过肉桂"，但是，客观地讲，肉桂茶汤的稠厚度远逊于水仙。自古香气以天真幽淡为宗，肉桂香气的清纯与格调，若是与水仙相比，还是会相差很多。这一点，一定要引起爱茶人的警觉和关注，如此，武夷岩茶的春天，才会百花齐放。

肉桂新茶再好，若是火气尚存，涩味会因火气的存在而崭露。因火气暂存导致的口腔干涩，不同于酚类物质引起的能够生津的收敛感觉。对于岩茶的焙火，私以为应该把复杂的事情简单化。茶有中和之美，无论用什么火，只要把茶焙透，自会臻于完美，本来就不该存在什么轻火、中火和高火之别。我还是喜欢肉桂陈茶的温润与宽厚，茶也需要在寒来暑往里不断沉淀，等火气退尽，方可玉汝于成。

在雅集时，品香茶，听妙音，赏老宣纸，体验用古砚磨老墨的麝檀清凉、松烟怡神，至今萦绕心头，记忆犹新。记得当时我对茅毅老师说过：古琴、老茶、古砚、妙墨、古玉、老宣，凡是蜕却火味燥气的传统事物，都是润眼养人的清凉妙品。

喝茶的时光，也是静秋里，让自己在杯水里释心疲、祛燥火的过程。

一盏清茗知秋味

今年的春天，安溪高温雨多，很难找到一款能入口满意的铁观音春茶，也不敢推荐给茶友品鉴。茶是天工造物，茶农靠天吃饭，没有好的年景和适宜的气候，即便有通天的本领，也改变不了雨水茶的苦涩与寡淡。

虫鸣风雨夕。秋雨飒飒，敲窗依旧，好像无意停下。茶室内，灯下一人、一壶、一盏，我试品着去岁剩余的铁观音秋茶。三款茶分别为"兰知味"、"小有韵"、"幽兰不采"。"兰知味"汤水稍粗，兰香馥郁。"小有韵"，芳幽水滑，香远益清。"幽兰不采"是一款十年的陈茶，汤色金黄油亮，气若空谷幽兰。"幽兰不采"确有清香雅韵，其名算是读书偶得。唐代韩退之的《幽兰操》云："兰之猗猗，扬扬其香。不采而佩，于兰何伤。"韩伯庸的《幽兰赋》也说："惟披幽兰兮，偏含国香。"好茶如兰，不因无人欣赏而不发幽香。既已生成了国色天香，就不是人人能够奢望的，至于能否有缘品到，要看缘分自浅深了。

铁观音，传说是清代雍正年间，由安溪人发明创制的乌龙茶。铁观音茶的横空出世,曾风靡云涌,将茶香、茶韵演绎到了茶的极致,掀开了沉香凝韵、花香果雅的茶类新篇章。台湾的木栅铁观音,是在清朝光绪年间,由张氏兄弟从安溪引入台湾后,开始种植制作的。闽南铁观音的名字,与闽北的大红袍一样,在当下的语境里,已成为闽南乌龙和闽北乌龙的代名词。其实,铁观音是一个比本山、黄金桂、毛蟹、梅占等更为卓越的珍稀茶种,具体可概括为"横枝张、波浪面、歪尾桃"。其远芳袭人,终古无绝。台湾历史学家连横,有诗形容铁观音:"一种清芬忘不得,参禅同证木樨心。"

在乌龙茶属的品鉴中,武夷岩茶因后期精制多了道焙火工艺,从而显得比较难懂。其实不然,武夷岩茶通过焙火,在减少苦涩滋味的同时,使毛茶的香气由清扬变得含蓄,且已香沉于水,从而深刻地改变了茶汤的醇厚度与细腻度,因此,武夷岩茶的品鉴,应是重味以求香。搞清楚了这个基本道理,只要把握住岩茶的汤厚气足;花香、果香的细幽清浊;香气与回甘的悠长程度;其香是否仅在舌尖一点,还是能过半个口腔,还是能够越过咽喉,且香甜如鲠在喉;有无清凉感,等等。明白了上述这些,再辅以标杆茶,一下午喝懂岩茶,不会是什么难事。

铁观音的品鉴相对简单,正宗的纯种铁观音,品种香为标准的兰花香。铁观音的香气,以清幽细腻、无青草气、无酸馊气、无驳杂气息为上。如用盖碗品鉴,盖香呈乳香、清新花香,冷香泛花果香者,等级较高。茶汤滋味清甜,汤滑细腻,有沙沙的胶质

红心铁观音的干茶

感，水香与盖香高度一致者为佳。入口回甘持久，生津明显，花香满口，无苦涩杂味者为上。年份较久的老观音，兰花香悄隐入水，水偏厚滑，汤色渐深，基本无焙火味道。茶汤入腹，肠暖胃舒。若还余留火味者，火味不应压过铁观音特有的花香、果香。若是满口火味，汤色红浓，仅余焦糖香气，而无明显的花香、果香，此类茶，基本就是市面上做旧的高火茶。

安溪的气候原因，造就了铁观音春水秋香的特点。春茶水细，秋茶香高。孰是孰非，各有千秋。对茶不熟悉时，我们会过分关注茶的香气高低；等真正谙熟品茶的门径之后，汤滑水细，水香一体，才是品茶应该关注的重点。

潇潇清秋暮说茶

日晓是山大中文系毕业的才子，也是我的好友。为了茶的正本清源，他经常跑到茶斋来，找我一同品茶，探讨有关茶的品种、历史以及他人不太注意的细节问题。

潇潇清秋暮，凉风袅袅发。在茶室里坐久了，有些恻恻清寒。我和日晓煎水瀹茶，品私房茶"韭春"。对茶悟性极高的日晓，看着"韭春"如色拉油般的汤色，笑着问我："为什么桐木关野生红茶的汤色，是如此的金黄清澈？而外山的芽头红茶，不仅汤色深红，而且看起来不够清透呢？"

这些问题，看起来简单，细究起来，却很难说得圆满。黄庭坚诗云："香从灵坚垄上发，味自白石源中生。"好茶如山中隐士，茶自峰生味更圆。如果你对茶山足够熟悉了，便会明白，喝茶品的还是山川的生态。幽美清绝环境里孕育的茶，其茶汤和叶底散发着的气息，纯净清凉，如雨后原野霁烟浮荡，一派清新，无任何的土腥杂味。茶汤色泽的深浅，与发酵、焙火程度有关。但是，茶汤的清澈油亮程度，除了工艺因素之外，更多与季节、光

照、植被、空气湿度等生态因素相关。桐木关的春茶，生长在高海拔的山川云雾环境里，高氨低酚，咖啡碱含量适中，故汤色金黄清透，滋味清甜，呈典型的花香蜜韵。低海拔的外山夏秋红茶，缺乏桐木关山清水秀、竹木葳蕤的自然条件，阳光直射强烈，个别地方农残、化肥、催芽剂滥用超标，茶汤即使焙以高火，也难以改变茶汤的红而不透，以及泛着的闷闷的烤红薯味道。

另外，茶汤的通透程度，还与悬浮在茶汤里的绒毛含量有关。除了白毫茶种，绝大多数的茶树，叶背上分布的绒毛多少，与空气湿度和季节的温度变化有关。在许多不同的茶山，我仔细观察过，湿度较大、生态良好的野生茶与有机茶，茶树叶芽的绒毛含量相对较少。苏轼有诗："独爱清香生云雾"，这也是高山云雾出好茶的主要原因。相反，在干旱或较差生态下的茶树，叶芽上的绒毛分布就要细密很多，尤其是施过催芽剂、叶面肥的更甚。茶区的秋季，大多年份干旱少雨，气温较高，因此，秋季的绿茶便会呈现较多的白毫，经过发酵做成的红茶，自然就会芽头密布金毫。生态良好的春茶，抽出的新芽，翠嫩金黄，绒毛稀少。唐代卢仝形容其"先春抽出黄金芽"。宋代苏颂也有"黄金芽嫩先春发"的诗句。故上佳的绿茶，多偏黄绿，而非碧绿。而施过化学肥料的茶树，芽叶近乎墨绿，绒毛较多。总之，人为因素干扰越多的茶树，绒毛会相对更密更多。

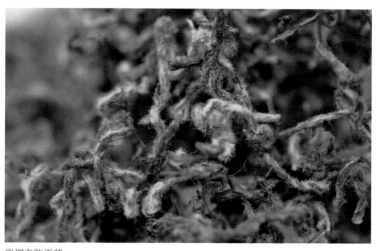

碧螺春的干茶

当然，信阳毛尖和碧螺春，其茶汤存在的貌似"浑浊"现象，是细微的茶毫悬浮在茶汤内形成的。信阳毛尖的混汤，与茶青采得过嫩有关；而碧螺春的汤混，既与茶青细嫩程度相关，也与特殊的搓团提毫工艺密不可分。

同样是对茶汤的疑惑，重庆的媛媛也问过我，她说："为什么新压的普洱熟茶，有的茶汤色重透亮，但后期转化不良？而初期汤色稍有浑浊的，两三年后，汤色会逐渐清澈，并转化出甜馨的糯米香？"温文尔雅的媛媛，习茶十分认真。我告诉她说："新压的普洱熟饼，如果汤色深红透亮，这类茶通常在蒸压后，会采用高温干燥、提香工艺，新茶喝起来燥喉，滋味和汤感偏于轻薄。急火提香，拔苗助长，透支的是自己的未来。而汤色稍有浑浊的，是新压熟茶的正常状态。因为散茶在蒸压过程中，茶叶的果胶、糖类等内质成分，会黏附着在条索的表面，经过低温干燥后，茶叶的活性并没有受到破坏。待以时日，等粘附在茶表面的大分子物质，通过陈化、降解、裂变成可溶于水的小分子物质，茶汤会日益透彻，汤颜如花。"

昨天上午，媛媛给我寄来她先生书写的小楷斗方，高古端秀。题写的是石屋清珙的山居诗："半窗松影半窗月，一个蒲团一个僧。盘膝坐来中夜后，飞蛾扑灭佛前灯。"我问她："你怎么知道我喜欢石屋清珙的诗啊？"她笑着说："我看您数次在长兴问茶，每每都去登临霞雾山，山上有禅师的天湖遗址呀！"

我在长兴问茶，登此山，一半是为了紫笋茶，一半是为凭吊禅师的高标逸韵。有茶真好，有茶可以结识更多的朋友。这种因茶的相知，如茶一般清净无染，值得珍惜追忆。

对花啜茶亦清雅

处暑静秋怜香幽

藕花深处读易安

茶中照见旧时颜

对花啜茶亦清雅

素秋渐老，秋阳高照。携女漱玉，南山汲泉，野外寻芳。花间一壶茶，席地饮清雅。

山脚下，姹紫嫣红，花开满坡。我寻一僻静荫凉处，在花下布一小席，银壶煮山中甘泉，瀹泡私房茶韭春。满目伞状的紫色花开，让我想起了桐木关里韭菜窝的春天。几枝恣意的花枝，随微风闯入茶席的空间。于是，清亮金黄的茶汤里，有花影荡漾入盏，也映着女儿清秀的笑脸。

我坐在一侧，持盏啜茶，凝视着女儿，浮想联翩。西晋左思《娇女诗》云："吾家有娇女，皎皎颇白皙。""止为荼荈剧，吹嘘对鼎立。脂腻漫白袖，烟熏染阿锡。"白茅纯束，有女如荼，是一个父亲的自豪。在这个花开深秋的原野上，我舍不得小女像诗中描述的那样，去起炭生火，把洁白的衣袖都染黑了。能用深情厚爱，和女儿去分享一杯醇香有韵的茶，还有什么比此刻更值得珍惜呢？

对花啜茶，自唐代韩愈起，就谓之煞风景。李商隐认为的煞风景，就包括"对花啜茶，松下喝道"，故北宋王介甫诗云："金

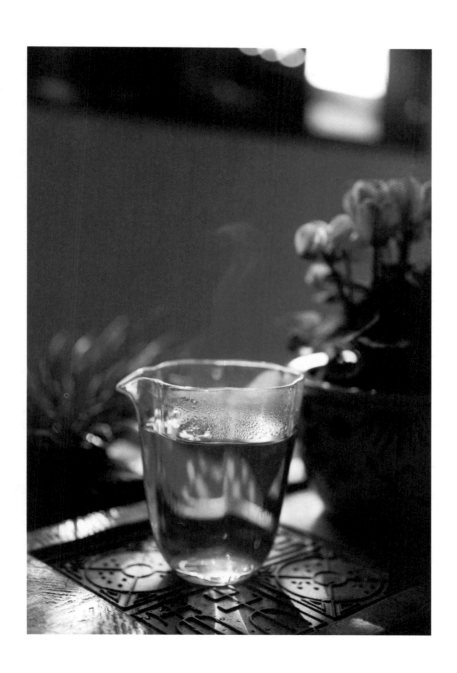

茶味初见

谷看花莫漫煎。"到了南宋，陆放翁有"花摇新茶满市香"，并以此为韵事。杜耒的《寒夜》诗有："寒夜客来茶当酒，竹炉汤沸火初红。"寻常的窗前月，有了梅花疏影横斜的映照，喝茶的意境便大不相同了。我很认同明代田艺蘅《煮泉小品》的说法："若把一瓯对山花啜之，当更助风景。"到了清代，还有更洒脱自在的阮元，"又向山堂自煮茶，木棉花下见桃花"。

其实，花下品茶，还是颇具诗境和韵味的。不管是茶香遮住了花香，还是花香掩映了茶香，只要浪漫的情致与愉悦的闲适俱在，而不去刻意纠结，茶香在口舌，花香在鼻目，并没有多少相干。

才色双绝的董小宛与冒襄，"至花放恰采入供，即四时草花竹叶，无不经营绝慧，领略殊清，使冷韵幽香，恒霏微于曲房斗室。"他们常于花前月下，四时的暗香浮动中，一人一壶一盏，细品芥茶的色香味韵，羡煞了多少旁人。所谓真名士自风流。腥膻大吃大嚼的史湘云，吃完鹿肉一抹嘴，不也是锦心绣口？

佳卉自有风骨，茶斋无花不幽。茶室的供花，若是清幽雅致、疏朗高洁的，可倚花吃茶，风雅无限。若是香高味浓、艳丽娇媚的，不妨隔着竹帘或窗棂远观，隐约朦胧之美，也无伤清雅。花是茶室怡情快意的风景，也是四季轮转的信使，不可小觑，不可或缺。

吟诗一首，记下此刻于花的情感：难得花下饮几哉，对花不饮花应猜。秋去冬来春色空，红残绿暗吁可哀。

处暑静秋怜香幽

处，止也。处暑即是暑气至此而止矣。白居易诗云："离离暑云散，袅袅凉风起。"

过了处暑，秋意凝聚渐浓，而天上的彩云，变得像暑气一样，逸散不聚，所以，民间有"七月八月看巧云"的说法。

处暑后，台湾的香友来访，我支炉备炭，煎水瀹茶。品茗间，我与众友茶里偷闲，试香熏沉数道。青烟缕缕，迂回缭绕。茶烟与香烟，烟云杳霭，戏聚逐意，颇耐玩味。

烟云藏古意，身心相与闲。一炉未残，啜茗味淡；一炉又热，香雾隐隐绕帘，香霭馥馥撩人。北宋诗人陈与义有《焚香》诗："炉香袅孤碧，云缕霏数千。悠然凌空去，缥缈随风还。"熏沉的香气，变幻若茶，或馥郁、或清幽，或醇厚、或雅淡。或带草药香，或带乳香，或带瓜蜜香，或带花草香。然而各种香中，均蕴含着丝丝的清凉意味，香韵中逸散着或苦、或涩、或回甘。由此可见，一道好香，应以穿透力强，香气富有层次感，韵中透

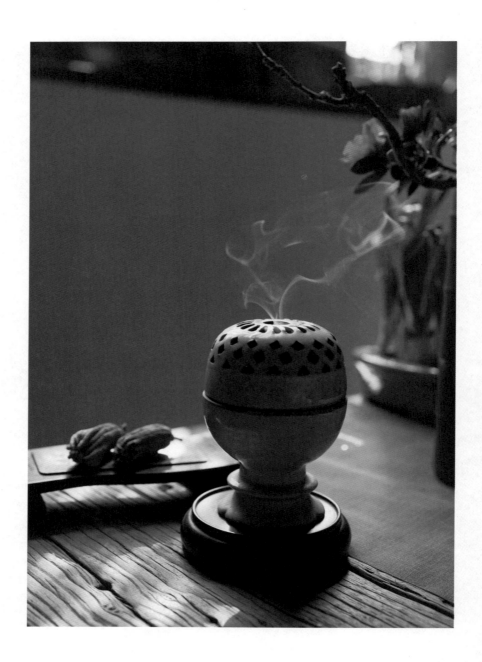

着甘甜清凉者为上；淡雅飘逸，意蕴深长，无呛人烟火气者为佳。同一款香，不同温度下呈现的初香、本香、尾香，其中的浓淡、花香、酸甜苦咸辛、清凉意的曲折，个中的逸趣，均须静心妙参。

烟云凝散缥缈，我心醒然。陈与义又说："世事有过现，熏性无变迁。" 茶性亦是如此，无论世事千年，无论发酵氧化，均难改变其寒。不论是香性、茶性，还是人性，应是水中月，波定还自圆。

品香和品茶，有异曲同工之妙。其中的山花野芳，林泉幽趣，一个是鼻参，一个是口品，都需心证体悟。茶与香，集草木百花众香之妙，皆可入道。故朱熹《香界》诗云："花气无边熏欲醉，灵芬一点静还通；何须楚客纫秋佩，坐卧经行向此中。"朱熹的诗，虽然是写香，但却写尽了品茶的幽玄之妙。品茶和焚香，还有插花、挂画，同列为文人的四般闲事，都具有清心涤烦、养性怡情的雅致共性，是明心见性、正觉大道的殊途同归。

明代徐渤《茗谭》写道："品茶最是清事，若无好香在炉，遂乏一段幽趣；焚香雅有逸韵，若无茗茶浮碗，终少一番胜缘。是故，茶、香两相为用，缺一不可，飨清福者能有几人？"茶与香，富集了大自然的菁华，不以无人而不芳。在敬天法祖的历史长河中，在传统文人的精致生活里，甘露齿颊留芳，香袅澄心静虑，啜茗焚香，从来都是如影随形。

夕阳西下，茶室内，烟云还是百转千回。随缘兄携带水蓝印、六十年代的老方砖，来凑热闹。我由衷感叹，今天是个好日子！三世修得奇楠缘，此生难遇老茶福。于是，薄雾浓云，清凉香氛中，我撬老茶，炉煎渭水。老茶形容枯萎，汤色却烨若春敷，水蓝印清芬如芷，老方砖夕颜若花，如品香，百般的悠长，一样的顺滑。

藕花深处读易安

茶蕴闲情，夏去秋来，闲饮七碗烦暑去。端起放下，一瓯慢品最怡神。清秋露冷，我与女儿漱玉，携带茶器，走进荷花盛开的济南遥墙，去寻觅李清照的茶踪香迹。

李清照，生于山东东平，长在河南开封，嫁给了青州的赵明诚。南渡以后，定居杭州而终。她一生几乎未在济南生活过，因此，章丘既非她的故乡，漱玉泉更不是她的故居。所有的传说，皆从其著作《漱玉集》附会而来。

李清照虽未在济南定居过，但是，她在父亲李格非被罢官、返乡期间，是来过济南的。李格非"以文章受知于苏轼"，属于苏门后四学士之一，故受"元祐奸党"案牵连。此间，李清照写下了唯一一首有关故里风物的《如梦令》："常记溪亭日暮，沉醉不知归路。兴尽晚回舟，误入藕花深处。争渡，争渡，惊起一滩鸥鹭。"词中的"溪亭"，据考证，在今天济南的五龙潭区域。这一带水域，在唐宋时期，就是真正的大明湖所在。所谓沧海桑田，于此可见一斑。也因于此，杜甫经济南看望弟弟杜颖时，写下了脍炙人口的"海右此亭古，济南名士多"。海右，即在古大明湖的东侧。

走近荷塘，藕花深处，白鹭款飞，荷香脉脉，清馨扑面。易安的故乡，花叶遮望眼，找寻不到曾经的溪亭。她在日暮的沉醉中，忘记了归路。载梦的兰舟可知？当年是否从此误入？

因茶而来，我站在曾经的渡口，惊起一滩鸥鹭。荷瓣的胭红，是你莞尔的嫣然；翠叶的清露，是你一瞥时的回眸。习习微风里，在半开的白莲中，染香浸润许久的那泡西湖龙井，是否有些过于清寒？"白针金莲"最相宜，别有池塘一种幽。

白针金莲，是普洱茶中的女儿茶，产于八十年代。干茶芽细若针，白中泛黄，其香若荷。开汤桃花水红，似美人微酡，香如十里芰荷，入口濡润甜滑，一股清灵的回甘与芙蓉初绽的香气，在唇齿间徘徊复徘徊。词染荷香，荷沾词韵，因了这茶的荷香袅袅，才有了跨越时空相对饮的桥。

春天来时，碧草盈门，红梅吐蕊，但尚未开匀。"碧云笼碾玉成尘，留晓梦，，惊破一瓯春。"侍女借用碧云笼，把团茶碾碎成尘，然后用执壶点茶。点茶的水声，惊醒了"晨尚倦卧有余梦"的您，瓯盏里点出的汤花，有着梅花欲放的清美。

深秋暮晚，风度木樨正芬芳，终日向人多酝藉。您又写道："病

茶园里的红梅吐蕊

起萧萧两鬓华，卧看残月上窗纱。豆蔻连梢煎熟水，莫分茶。"
两鬓又添花白，卧看残月映窗，您一定又想念茶香了。可是，自
己刚刚大病初愈，只能饮豆蔻熟水来调理身体。

秋去冬来，寒叶萧萧，品茶忆梦的您，不负东篱菊蕊黄。"酒
阑更喜团茶苦，梦断偏宜瑞脑香。"酒宴归来，您更喜团茶的清
苦，茶因苦寒可缓解饮酒的微醺。梦断小睡之后，最好焚些瑞脑
香，才使自己神清气爽。好景难长，曾经的生香熏袖，活火分
茶，在去国流离的颠沛中，早已成为渐行渐远的旧梦了。

我记得，在《金石录》的后序中，您记录了与先生赵明诚，品茶
行令助学的趣事。您博学强记，饭罢就到归来堂烹茶。吃茶前，

指着桌上堆积的史书，要准确说出、某件事在某书某卷的第几页第几行，依此来定输赢，胜者方先喝茶。华佗《食论》中说："苦茶久食，益意思。"是您开创了"饮茶助学"的历史先河。夫唱妇随的那段青春年少，一定是您一生中最幸福的时光。

"赌书消得泼茶香，当时只道是寻常。"赌书泼茶，被纳兰写进诗中，既有对亡妻卢氏的思恋，也有对您的追念。这种咏絮继清芬的情趣，在举案齐眉的青春时代，只是寻常。国破家亡后，帘卷西风，人比黄花瘦。那盏茶，即使再温热再清香，也无法冲淡您心中的悲怆凄凉。

古柳垂堤，荷香淡淡。回味白针金莲那满口圆润的甜，飘渺着菱荷丛中的一段秋光淡。雁字回时，再上兰舟，又如何释怀那一种相思、两处闲愁。此情无计可消除，才下眉头，却上心头。

茶中照见旧时颜

人过四十，如茶，越品越淡，淡中有味。不惑之人，泡一壶陈年熟普，用百年的老青花盏盛之。目与之而成色，我惊艳这娇醉的茶汤。个中盈浅，回首蓦然。曾是梳云掠月，犹记惊鸿照影。

凉夜悠悠露气清，晴虫凄切草间鸣。茶微凉，色渐淡；心已远，透着寒。人、茶、杯今世偶遇，因缘和合，住色生心，遂悟真空妙有，色即是空。

佛具佛慧，茶有茶性。一杯茶中，照见气象万千，唯持平常心，才得清净境。心无住留，烦恼尽除。智者问禅，清茶一杯。迷者问禅，佛经万卷。茶可破万卷，"三饮便得道，何必苦心破烦恼"。心有住留，人生尽苦茶亦苦。敛心静思，慢品清和之味，饮茶始得真趣。茶性本一，人心有染，失于觉照，茶便多了分别。

茶者，察也。静心喝茶，可从一杯茶中观照自己。以铜为镜，可以正衣冠；以茶汤为鉴，能够明心性。以茶修持，可涤昏寐、清

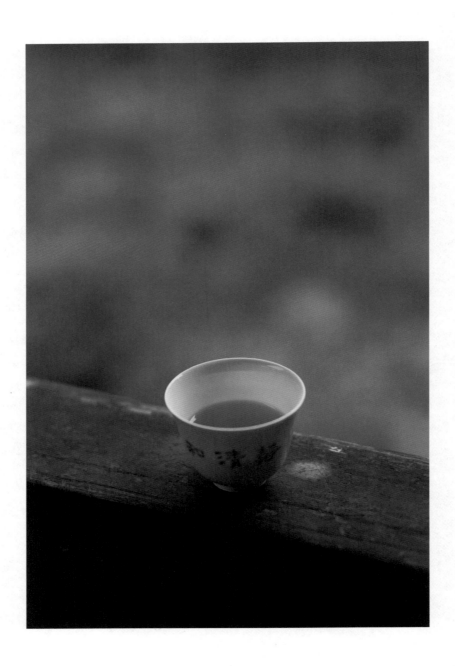

我神，安顿身心。君子一日三省，方能心颜如玉。不能以清净茶性自察、自觉，便很难成长为真正的茶人。

人生如茶，淡中知味。茶浓香短，茶淡趣长。茶泡浓了，浓重的滋味会压住香气。能在淡茶中，品出茶的滋味，感受到茶之馨香，才能悟出喝茶的真谛。

茶有真味真香，只有正身正意，祛除妄念，才能"细啜襟灵爽，微吟齿颊香"。喝茶要用自己的嘴巴，静心调动味蕾，用口腔去感受茶汤里的芬芳，而不是仅用鼻子。咽罢余芳气。因为闻到的香气，不见得是茶的真香。香精茶里添加的工业香精，不仅香气刺激，单调而甜腻，而且较难溶解于茶汤。只有茶内自身的天然芳香物质，才会部分与水产生亲密无间的融合，表现在茶汤中，便是香水交融，清香甘活，持久绵长。所以，好茶无浮气，七泡有余香。

人生若茶。从茶中，能够观照到我们的人生。少年时代，就是一芽嫩绿的春茶。成长的过程，像做茶一样，通过杀青，去掉幼稚和青涩之气，并挤掉自身三分之二的水分。青年时代，通过摇青、揉捻，砥砺其节，焕发出自身的清香与活力。中年以后，就要通过发酵、焙火，进一步的酝酿内质，丰富滋味，去伪存真，臻于至善。茶与人生，皆如璞玉，不经严格的切磋琢磨，难成温润以泽的大美之器。

喝茶吧！一款茶的玉成，多像自己走过的一生。品茶时，要珍惜每一泡茶，粒粒皆辛苦。品饮每一泡茶，宜通首至尾，善始善终。此中的真意，如匆匆流转的四季，阅遍芳菲，谙尽荣枯，始知淡则味真。明代陈继儒《养生肤语》说："此可见天地养人之本意，至味皆在淡中。今人务为浓厚者，殆失其味之正邪？"

春去秋来，流光一闪，红了樱桃，绿了芭蕉，黄了春草，白了发梢。恨晨光之熹微，觉今是而昨非。再好的茶，都会喝淡，珍惜茶之尾水的淡味淡香吧！这才是我们追寻的人生真味。不知淡，焉知味？

一瓯新绿秋凉至

盏瀹玉露醉佳人

白露清风相思红

素心熏染在姑苏

一瓯新绿秋凉至

秋在五行属金，其色白，故秋天的露凝而白，称之为白露。白露秋风夜，一夜凉一夜。等秋分过后，露水即将凝结为霜，便是寒露了。

露从今夜白，秋心自此生。白露的前两日，我南行回济南。从南至北，青山绿水，秋色渐浓，白草红叶黄花，美得让人忧伤。

自古逢秋悲寂寥。人生，有秋的清凉况味。不苦就是甜，但甜吃多了，定会泛酸。唯有苦过，回味出的才是甘。茶的迷人之处，在于啜苦咽甘，苦尽甘来，生津清凉。这种回味之美，使茶从药之用、饮之功，升华为精神道德之需，濡染着五千年的中华文明。记载经史文字的每一页泛黄的纸张，无不散发着茶的郁郁清香。

在越南边境，我与老黄吃茶品香。当我执着于沉香的真假鉴别时，老黄告诫我，能搞清楚真香即可，又何必纠缠于种种假香呢？道高一尺，魔高一丈。当你刚弄明白这款是如何造假的，马上就有另一款更近于真的假香出现。喝茶也是如此，事非经过不知难。分清茶的真假优劣即可，不必去深究假茶的工艺与出处。喝茶毕竟是一门实践的学问，和一个没吃过某肉的人讲，某肉是如何的好吃，无异于对牛弹琴。品过根红苗正的标准茶样，记住某类茶的气息、香气、汤色、滋味、厚薄，气韵，再遇到似是而非的假茶，立马会心知肚明。好茶，自有山水生态造就的独特环境香、山场味、清幽韵。

回程的路上，我去政和、福鼎走访了几家白茶企业，沿途发现有些厂家，是用经过揉捻的新工艺寿眉或白露之前的夏茶压饼，然后焙以重火，汤红气燥，谓之"老白茶"。压饼的白茶，是为了

政和野生大白茶的茶青

解决存储、运输之便，却因此成了"老白茶"造假的重灾区。对于除了白毫银针、高级白牡丹之外的白茶压饼，本无可厚非，但是，压饼白茶的原料，一定要工艺精良，凋萎到位，否则，后期的茶汤寡淡，青气杂味难以消除。

白茶，七分晒三分焙，主产于福建的福鼎、政和。其性寒凉，凉血透疹，功同犀角。白茶的清凉、降火消炎，源于制作工艺的简单天然，不炒不捻，凋萎烘干。明代田艺蘅《煮泉小品》中说："茶者以火作者为次，生晒者为上，亦近自然，且断烟火气耳。"明人文献里的"生晒者"，是指自娱自乐的小批量做茶。每年的谷雨前后，我带学生们去桐木关时，都会采些早发的竹林野茶，生晒几两白茶自饮。这类茶鲜爽清甜，含水率高，短时间之内喝完，不会存在变质问题。像今天大量制作的白茶，如果未经烘干，含水率降不到6％以下，后期的存放陈化，必定面临着发霉变质之虞。因此，一款品质优良的白茶，要保持干茶的鲜灵、滋味的鲜活、气息的纯净、香气的淡雅，那么，如何去焙火烘干？就是一个值得探讨的有趣问题。

传统工艺制作的当年白茶，无论是否压饼，都应汤色杏黄明亮，滋味清甜鲜醇。素雅恬淡，是白茶最重要的特质。从这个意义上讲，凋萎过轻或焙火过重的白茶饼，还是妙造天然的白茶类吗？其汤色红浑，气息驳杂，真味顿失，茶性已变，遑论收藏及其陈化功效？由此我联想到当下的普洱茶，当七子饼茶的纸质包装，取代了传统的笋壳扎筒包装，在后期的陈化过程中，茶质是否会受到影响？日渐式微的传统技艺，需要实实在在的保护和弘扬，如仅冠以创新之名，而无踏踏实实的继承和发扬，期望做出好茶，期望存出好茶的梦想，不是南柯一梦，就是黄粱一梦。

窗外油蛉低唱，秋深处也不全是感伤。新打一炉香篆，檀麝清芬，袅袅燃尽，寸断成灰。碗泡西安姚霏馈赠的午子仙毫，翠绿鲜润，白毫满披，可能是出汤慢了点，此刻我却品出了秋莲的清苦。明月在窗，秋夜渐长；茗若佳人，与茶对望。正应了"幽人坐相对，心事共萧条"。

盏瀹玉露醉佳人

金凤淅淅，银河耿耿，七夕如今又至。七夕，原来叫乞巧节。在汉代以前，七夕节与牛郎织女的爱情传说，几乎没有任何关系。东晋葛洪《西京杂记》记载："汉彩女常以七月七日，穿七孔针于开襟楼，人俱习之。"古时的七夕之夜，少女们仰望朗朗月夕，以五彩线对月穿七孔针，向织女献祭，祈求自己心灵手巧、姻缘美满。原本生活气息十足、启迪女儿智慧的华美节日，如今又被商家演绎成本土的情人节，实在有辱斯文，有违美好节日的内涵。

七夕夜，雨洗新秋，虫鸣室幽。女儿陪我在茶室，清供瓜果，焚香夜坐，煎水吃茶。第一道茶，首选醉佳人，它是凤凰单丛的发酵红茶；第二道茶，为恩施玉露，是国内仍沿袭唐代蒸青工艺的唯一绿茶。一壶三杯，一盏自饮，一盏给漱玉，第三盏，邀牛郎织女共饮。

茶盏选择六十年代的窑变油滴盏，盏含宇宙星辰、银汉万象。醉佳人的汤色绯红，香气幽微，甘甜温润。玉露茶，苍翠如玉，其味清芳。红茶斟入油滴盏，盏底釉斑金辉闪烁，星光灿烂。绿茶分汤在油滴盏里，静影沉璧，银汉熠熠。

七夕之夜，茶汤澄明如鉴，织女可记否？"曾向春窗分绰约，误为秋水照蹉跎。"若再簪花临镜，曾经的花容娇颜，在今晚的茶汤里，会照见鬓染霜华、人影清瘦。漫漫银河，情苦无涯。

醉佳人，原产于潮州的凤凰山，金秋七夕与恩施玉露共饮一席，正契合了"金风玉露一相逢，便胜人间无数"的诗意。茶水能相融合的，是彼此的相思和期许，但水就是水，茶仍是茶。不相溶的，是你中有我、我中有你的独立人格。即使"柔情似水，佳期如梦"，但在"盈盈一水间里，脉脉不得语"的千种风情、万种

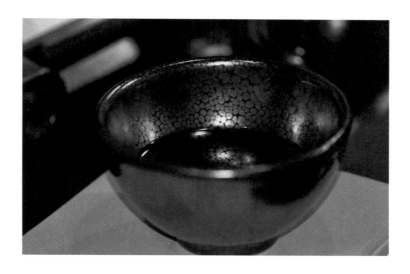

牵挂，能有几人体悟？如茶汤的甘苦酽涩滋味，在唇齿间的流连顾盼。

七夕，是在把悲剧当成喜剧上演，那种深入骨髓的苍凉，又有几人能解？或许我们用狂欢、消费演出的喜剧，其本质也是自己更深层次的悲剧。鲁迅先生在《论雷峰塔的倒掉》中说："悲剧将人生的有价值的东西毁灭给人看"，可谓一针见血。

茶不惟解渴，以品为上，渐而知茶味、会茶韵。牛郎织女的鹊桥之会，胜过多少貌合神离、花前月下的朝夕厮守。我欣赏香溶于水、高洁如兰的茶，茶水初相逢，你浓我浓；长相浸泡后，仍能淡中知味、甘之若饴。大爱如茶，真情要经得住彼此的聚少离多，思念熬得过红颜憔悴人俱老。若茶与水，相溶太短，没有回甘；浸淫日久，难免苦涩。两情若是久长时，又岂在朝朝暮暮。这种海枯石烂的真情，是相守中的一诺千金，是苦涩中的生死相期。

七夕的这一盏茶汤，寄托了太浓的相思愁绪与情深意长，让我不禁"云罗满眼泪潸然"。感于此情此境，凝于小诗：牛郎织女意若何？绵绵无绝七夕多。半壁山房望星辰，一瓯玉露醉佳人。

白露清风相思红

白露时节，我孤身一人踏露南行，问茶武夷。雨雾蒙蒙中，驱车进桐木关，一路山环水绕，飞泉流瀑，恍如仙境。

到达十里场，雨过天晴，正是喝茶的好时光。我和老温，清溪涧边，幽篁丛下，汲泉煎水，瀹饮桐木关的私房茶"韭春"。

好茶应当咀华嚼英，轻啜慢品。茶中氤氲的花香丛韵、竹木清芬，是茶染花木清露，是山野的幽兰自芳。而绯红惹人的茶汤呢？是茶山里的百年红豆杉，灿然枝头的缀珠柿红，浸染的一汪秋水；还是秋色连波里，抛不尽的红豆，染红了茶的容颜，竟夕起了相思？

一窗秋意里，有了茶，才能泡出一盏的春色荡漾。记取桐木关的春天，正春山好处，空翠烟霏；野韭菜窝，绝佳的高海拔山场，林清荫浓，山花烂漫。每年到了谷雨前后，当淡紫色的野韭菜花开满山涧，静寂丛生在竹林、红豆杉其间的野生小种老丛，便开始采摘、凋萎、揉捻、发酵、焙火。在野韭菜窝的春天里，精制而成的野生老丛红茶，我为它取名"韭春"。

次日，出桐木关，到武夷山拜访老茶农张先生。在他家的百年老屋内，品竹窠的肉桂，香扬味厚；慧苑坑的水仙，粽叶香浓，清凉感溢喉；莲花峰的雀舌，兰香幽长；二十年陈的大红袍，前三水陈韵明显，水略单薄；四水后花香始现，水渐甜厚；十水后，茶香不散，柔顺清润。所品到的每一款岩茶，都能喝出炭焙茶特有的香气与通透。

我对先生人品的敦厚淳朴，茶品的醇厚精微，以及精制岩茶数十年的焙火资历，佩服得五体投地。便抽出两天的时间，虚心向老先生学习、请教岩茶的焙火技艺。张先生说，他焙岩茶，全部选用上好的荔枝炭。好茶需要精致的炭火焙透，吃透火的茶，才会气息纯正，不苦不涩。这样的茶，后期才不会返青，不会变质。正岩正坑的好茶，能够耐得住精制的焙火，所谓真金不怕火炼。

在林壑优美的武夷山区，有着白露之后焙好茶的传统习惯。白露后，阴气渐重，水土湿气凝而为露，此时的空气温度和湿度，会较之前有明显的降低。茶农在酷热熏烤和干燥难耐的焙房内、焙窟边、焙笼旁，完成毛茶的走水和精制，相比此前的潮湿炎热，尤其是在夜间，条件会有明显的好转。不仅如此，假如空气中的含水率持续较高，岩茶在焙笼内，即使焙足了火，在后续的工艺环节里，干茶也会在瞬间吸收大量的水分，不利于岩茶品质的提高和后期的保存熟化。因此，包括三坑两涧，优良珍贵的正岩山场茶的精制，传统上选择在白露之后，是科学合理的。

制作一款上佳的岩茶，面对茶青、做青、焙火哪个环节更具决定性的争议，我通过深入调查认为：好山场的茶青，是品质的前提；规范的做青，是品质的保证；精准的焙火，是品质的提升。这是一个问题的三个方面，不能为了某种利益，去刻意违心的单独强调。只有山场好，做青到位、焙火精准的岩茶，才会"骨清肉腻和且正"，啜过始知真味永。

岩茶的焙火，要看茶做茶，一定要把香气与滋味协调得恰恰好。恰当的焙火，可深化汤色、纯净滋味、降低苦涩、改善香气、提

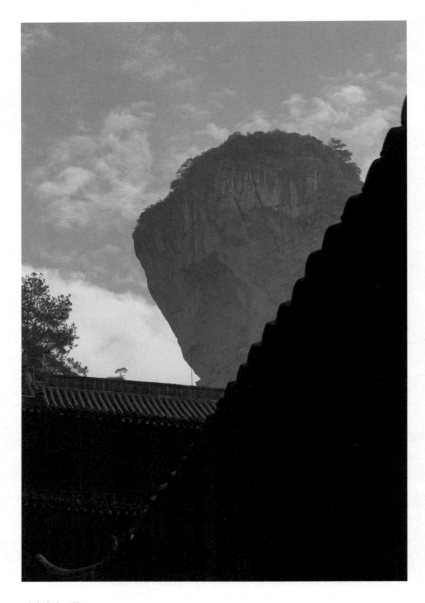

武夷山大王峰

高茶汤的细腻度和通透度，但是，如果焙火过高，焦糖化反应过度，就会适得其反，劣化茶质，产生苦涩焦味。另外，一款焙火良好的岩茶，只要没有受潮、返青、变质，一般不需要再次焙火。茶的香气等物质，是挥发性的，容易在重复焙火中过度地挥发和散失，致使岩茶的内质越焙越空。因此，从某种意义上讲，对于焙火到位的岩茶，其后的每一次焙火，是对茶质补救的无奈之举，都是对岩茶内质和香气的严重损害。

草黄山自绿，霜白树才红。客居幔亭峰下，望山月团团。我在客房里，又瀹韭春，杯中红颜，芳蔼幽兰，浅啜出不羁的思念。

素心熏染在姑苏

秋分的前日，我从上海告别香友，乘高铁来到苏州。

在苏州流连最多的，还是山塘街、平江路、苏州博物馆。最浪漫之地，不是设计精巧的苏州园林，而是我喜欢的桃花坞，可凭吊、可追念。尽管唐伯虎的桃花坞已盛景不再，但是，我还是喜欢在周边走走，寻觅那种婉约的江南味道。如果再默诵着唐寅的诗词："桃花坞里桃花庵，桃花庵下桃花仙。桃花仙人种桃花，又摘桃花换酒钱。酒醒只在花前坐，酒醉还来花下眠"，就很容易沉醉其中，这大概就是传统诗词的文化力量吧！

雾雨蒙蒙的早晨，可去山塘街漫步，尝尝外焦里嫩的哑巴生煎、色如碧玉的青团子等，小巷深处，才有浓郁的老苏州味道。山塘街，是姑苏第一名街，它是在唐代宝历年间，白居易任苏州刺史时修建的。曹雪芹在《红楼梦》中，把阊门、山塘一带，称为"最是红尘中一二等富贵风流之地"。山塘街斑驳光滑的青石路上，尚泛着历史文化不灭的流光。

粉墙黛瓦的水巷民居，烟雨渲染的石板拱桥，这种江南意蕴，在平江路还能看得到。惜乎哉！过去在弄堂里、水巷边婉转的叫卖声："栀子花，白兰花，香不香得来……"那种又甜又糯、蚀骨销魂的吴侬软语，在当下却是无缘听到了。假设南宋的陆放翁，在早春里听不到"粉杏花要伐？"又怎能在江南写下"深巷明朝卖杏花"？

在平江路，有两个清闲去处，白天可去黄兄的停云香馆，吃茶品香；晚上可去听听成芳老师的《牡丹亭》。昆曲里的缠绵清婉，多像我们不易捕捉到的茶韵！那种柔曼悠远的余韵，正是茶香里荡着的让人欲罢不能的幽美。

在停云吃茶，焚云纹篆香，老铁壶煎水，用手拉坯老陶壶瀹饮"含熏"。闻香品茗，啜饮清谈，与黄兄谈及诸多茗品器物之美时，我由衷地感叹："凡赏玩之物，如不能蕴含着一个'闲'字，便不足以称之为清雅文气。一件器物再美，如果缺乏对生命的关照，似乎也少了点耐寻的味道。"

松风停云处，一枝蓂花，两个佛手；半树石榴，几痕松影；诗情宛然，不见匠心；造出文气的小楼风景，令人钦佩不已。对于我的赞美，黄兄散淡地打趣道："我不过是，每天捡捡点点罢了。"捡检点点，自成雅趣，需要的是一颗诗心、文心、茶心、雅心。境由心造，清福难得，这方幽深，我不知几世能够修来。

停云霭霭，炭火正红。含熏瀹泡数水后，兰香隐隐淡淡，茶汤里凸显出丝丝沉香的清凉。难道是沉香的烟云融入了茶汤，偶尔成全了宋人喜爱的沉香熟水？明代高濂在《遵生八笺》中，记载了沉香熟水的做法："用上好沉香一二块，炉烧烟，以壶口覆炉，不令烟气旁出。烟尽，急以滚水投入壶内，盖密，泻服。"我在茶汤里品出的沉香味道，无论是素心熏染，还是熟水留香，或许就是茶的本香，此刻已不重要，我更顾念这品香啜茶的韵息美妙。

苏州的古桥古物，小桥流水，颇似旧体诗的用典，平仄顿挫，余味隽永得像唐宋的煎茶。对于苏州，每年除了清明前在西山做茶，与喜欢杭州一样，不管有事无事，经常都要去小住几晚。看看落花，瞅瞅草黄，嗅嗅满城风动的桂花香。或许前世的我，本是平江河边，一株飘摇而又寂寞的红蓼，记忆里有弄堂水巷的烟火气息，骨子里迷恋姑苏的美学味道。"前世不修今世修，不生苏杭生徽州。"即便生在如诗如画的古徽州，也算是江南了。

分

花美果香茶苦涩

风清露冷秋期半

无我茶会聚岱岳

木樨花窨龙井茶

花美果香茶苦涩

我从南山的墨林古泉吃茶归来,山涧中采得一束金黄的野菊,枝干横斜,药香浓郁,清供入画。

黄昏时分,有外地茶友来访,一盏清茗知秋味。谈起茶席的插花,个人认为:花开有信,首选应季有格调的花卉,比如当下的野菊,枝形凝练疏朗,花开清雅恬静,以体现山野幽趣。席间花叶枝条的疏淡简约,用幽远空灵的精神去弥补,方显茶席的格局趣味。

说插花,品淡茶,聊其他。香花无色,色花无香。花的事业是甜美的,其花枝招展,芬芳娇媚,均是为了招蜂引蝶,传播花粉,传递遗传信息。果实的事业是尊贵的,酸苦甘甜、赤橙黄绿的果实,以其色香味形,吸引周边的动物把它吃掉。果实的香消玉殒,具有很强的奉献精神和目的性,它是为了让自己的种子,以各种途径,在可以生存的地方,顽强地生根发芽。

习茶人如我,做的就是叶的事业。造时精,藏时燥,泡时洁。

精、燥、洁，茶道尽矣。而那专心垂着荫凉的绿叶呢？时时刻刻，以本能的细微变化，抗拒着虫害和人类的过度采摘。茶之为饮，从发乎神农氏，就以祭品、食品、药品、饮品等各种形式被利用着。尤其到了当代，安溪铁观音、云南普洱茶等，都存在着过度采摘现象。茶树叶片的过度采摘，严重影响着茶树的寿命和茶叶品质。因为所采的芽叶，即茶树的新梢，既是制茶的原料，亦是茶树重要的营养器官。茶树的营养合成、光合作用和呼吸作用，均要在新梢成熟的叶片中完成。所以，茶树的适度采摘，有利于茶叶品质的提高。若是茶树上留养的叶子太少，就会对光合作用产生影响，不利于有机物质的形成和积累，从而影响茶树的生长发育。

当我们叹息世风日下、人心不古、好茶难觅、茶不如旧的时候，我们珍惜过手中的茶吗？茶树越是采摘过度，其叶片越是色淡而薄，茶汤自会寡淡无味，滋味也会苦涩难饮。茶叶苦涩寡淡的日甚一日，是人心的贪求无度，也是茶树本能的无言抗拒。

每个物种但凡延续到今天，肯定有其独特的生存智慧。莫说是针对人，茶树对昆虫也是自然抗拒的。茶树在发芽的时候，同时合成了咖啡碱。咖啡碱是天然的植物杀虫剂，叶片越嫩，咖啡碱的含量就会越高。当昆虫肆意吞食嫩叶的时候，会造成大部分昆虫的肢体麻痹或中毒死亡，从而对茶树新叶敬而远之，望而却步。这也是茶园里多数昆虫蚕食老叶、不吃嫩叶的主要原因。

茶树的茗花盛开

咖啡碱的含量，表征着茶叶寒性的高低，其味在苦，它以茶汤的苦涩、刺激和浓度，制约着我们的欲望，提醒我们饮茶不要过量。茶对人类真的是够宽容了，我们还有什么理由不珍惜茶？

前年去潮州，我与叶汉钟、黄柏梓先生，登乌崀山访茶。那一年的茶树，花开得极其灿烂，蕊黄瓣白，清香扑鼻，皑皑白雪般地缀满枝头。花开满坡，令我兴奋。不料叶兄却说，一株茶树，花若开得过多，过于旺盛美丽，说明茶树的生命已岌岌可危。它像竹子开花一样，在生命濒危前，一定是拼命地绽放自己，奋力孕育着果实以传播遗传信息。可见，欲望和传宗接代，也是生物界的本能和动力。后来，我去武夷、云南等地问茶，也见过茗花大面积开放的盛景，但勤快些的茶农兄弟，会去摘花去果。茶树开花，要消耗掉茶树的大量营养物质，以优先孕育后代，对来年春茶的品质和产量，势必造成较大影响。

盛开过茗花的枝条，会因耗尽了养分而枯萎、死亡。茶树生命的灿烂繁华，在我的视野里是感伤的。此后，我很少会为满山的花开而欣喜若狂。因为生命的缤纷绚烂，是要倾其最后一丝力气的。瞬息的繁华，如烈火烹油，鲜花着锦，这意味着能量的全部耗尽。花开不必欣喜，花落无需悲伤，美物的凋落、荒芜，皆是使命所在。黛玉曾说："人有聚就有散，聚时欢喜，到散时岂不冷清？既清冷则伤感，所以不如倒是不聚的好。比如那花开时令人爱慕，谢时则增惆怅，所以倒是不开的好。"由此可见，林黛玉才是洞悉了生命真相的解语人。

风清露冷秋期半

我们常说的平分秋色，就是秋分。秋分，意味着秋天过去了一半，昼夜均而寒暑平。它和春分一样，是白昼阴阳交换的节点。春分后，阳气渐长，日长夜短；等秋分把昼夜再一次均分后，阴气渐重，开始昼短夜长。燕衔余暑去，虫唤嫩寒来。此后的天气，便是一场秋雨一场寒了。

秋分后，桐枯叶黄，桂花吐香。梧桐是秋气渐深的意象，桂花是主宰此节的花神。在茶山游历几年，问茶数载，我记忆中的秋分，处处清霜雕红叶，纷纷桂子飘香远。

饱吸着空气中浸染的桂花甜香，禁不住历历回想：我曾祁红品香，龙井知味，武夷汲水，煎茶漓江。也曾翠竹幽篁，停盏酌影。一路走来，凉意入秋清可画，桂花香里人敲句。若是还有点诗情画意，想必是沾了茶的烂漫。

白露之后的茶树，不惟花开满枝，也暗自凝聚秋香。秋分的前两天，我特地委托顾渚山的查兄，炒了几两明月峡的野生顾渚紫

笋，也算是白露茶了。民间自古有"春茶苦，夏茶涩，要喝茶，秋白露"的说法。茶得时令之气，白毫显露，甘甜芬芳，泛着清秋露白的清凉。唐人有"萸房暗绽红珠朵，茗碗寒供白露芽"的况味，宋人有"道人自点花如雪，云是新收白露芽"的散淡。我也从唐诗宋词里寻章摘句，用幽美清绝的诗句，重新加持白露节气的紫笋野茶，在茶里观照古人修篱种菊的自在逍遥。

明月峡，在顾渚山极幽深处，茶生其间，其味若兰。唐代湖州刺史张文规《吴兴三绝》诗云："清风楼下草初出，明月峡中茶始生。"明代夏树芳《茶董》记载："明月峡在长兴，旁顾渚山，二山相对，石壁峭立，大涧中流，乱石飞走。茶生其间，尤为绝品。张文规所谓明月峡前茶始生是也。"许次纾在《茶疏》中引好友姚伯道云："明月之峡，厥有佳茗，是名上乘。要之，采之以时，制之尽法，无不佳者。其韵致清远，滋味甘香，清肺除烦，足称仙品。此自一种也。"每年的清明前，我都会如约穿行其间，于此做些野茶，取名"明月始生"。明前的"明月始生"，清甜幽细；白露采的野茶，香高水薄。春水秋香，节气使然。翦翦春水，悠悠秋香，如有机缘用二者拼配出一款私房茶，也不枉"应缘我是别茶人"了。

桂香馥馥，岁晚独芳，是令人羡慕的江浙与岭南。秋分江北的茶室，瓶供菊黄，茶溢清香。与北京、湖州的茶友相聚，瀹泡梅占，暗香浮动，盏中春浅。竹窠肉桂，香甘水厚，一段奇幽。悟源涧的雀舌，香欺蕙兰，竹外清婉；牛肉马肉，梅馥兰馨，岩韵

明月峡的茶路

幽深。数款正岩茶，清正中和，岩骨花香。

新焙的岩茶尚存火气，品完有些口干。我又泡一款三十年陈期的松烟切碎小种，茶性温凉，可抑火气。有茶在手，盏涵秋影，花气熏人。茶汤的绯红潋滟，是秋深里的春浅。竹露打湿的秋心，多像陈年小种的薄荷清凉。

秋之清泠况味，有数款热茶，温暖着恰恰好。回首自己，年过四十，白发频添，已是人生的秋分。蓦然回首，平平淡淡。了知世事，梦幻泡影。伤秋悲秋，不如乐秋。春分秋分，不若不分。萧萧落叶，不敌一片茶叶。倚茶忙里偷闲，处处都是自己的春天。

无我茶会聚岱岳

临近重阳，我带女儿漱玉，先驱车与晨歌、端生兄茶聚，后共赴在泰山脚下的无我茶会。

好友见面，必以好茶相泡。竹影婆娑的茶斋里，瀹泡七十年代的老六堡生茶和一款普洱老熟沱茶。好茶与人俱老，久而弥香。秋气渐寒，老茶温凉，最是相宜。两款老茶开汤，均无驳杂与不良气息，汤色红浓透亮，入口糯绵甘滑，茶气充盈，饮之微有汗感。老六堡汤感滑爽，泛着浓郁的槟榔香气；老熟沱滋味粘腻，糯米香里氤氲着药香、参香。与六堡茶相比，普洱熟沱的茶汤稍厚重些，甘甜略胜。但是，老六堡茶自然陈化出来的清凉喉感，是渥堆的普洱熟茶无法比拟的。如同春兰和秋菊，各有所好，各有所胜。

两款老茶饮毕，鲁姐把叶底混合起来，用陶壶煮饮。此后，一款足火的慧苑坑老丛水仙，粉墨登场。所谓醇厚不过水仙，茶一出汤，浓郁的粽叶香和细幽的兰花香，便在室内与细碎的光影交织着，布散流荡。我未细察，是投茶量过大，还是浸泡的时间略

岱庙的汉柏

武夷山的马头岩

长，不喜浓茶的我，才倾三盏即醺人。秾华醇酽不适于我，尽管是难得的好茶，辜负就辜负了吧！

淡茶温饮最养人，好茶容易贪杯，茶醉后的危害甚于酒醉。日常生活的辣咸厚味，久食令人口重。表现在饮茶上，感觉不浓不够刺激，甚至索然无味。其实不然，常饮浓茶，对健康着实不利，应引起重视。浓茶味厚，味厚则泄，泄泻发散太过，必然伤及五脏六腑。清代李渔说过：味浓了，则真味常被他物所夺，失其本性，这也是茶浓夺香的道理。

晚聚一枝莲茶府，素心居士抚琴，晨歌先泡珍藏多年的老铁观音，安安姐后瀹东方美人与阿里山金萱。东方美人蜜香浓郁，金萱奶香醉人。最喜晨歌的传统老观音，瀹泡十余水，仍汤甜爽滑，余香满口。前两水，稍具陈味，熟果香显。等陈茶在沸水中慢慢润开，三水后，绽放出时光的陈化之魅，熟果香陡变为幽幽的花果香。待花果香淡去，隐隐的木香、药香渐次呈现。再看叶底，依旧黄褐柔活，绝无碳化和焦化迹象。

一日之间，与诸友消受好茶数款，自叹清福不浅。好茶，总有一些令人愉悦的共性，无浮气，无青气，无杂味，无霉味。水滑、气沉、香幽，韵深。香气变化有层次感，且数泡之间，香气不会有太大落差。历经岁月沉淀的茶，会越饮越甜，无火气，无燥感，饮后咽喉有清凉感，入腹胃肠有温暖感，腹背有明显的汗感与体感。

次日的九九重阳，泰山脚下岱庙里的唐槐院里，一场近百人的无我茶会，在秋阳疏影里缓缓拉开序幕。抽签定位后，我和女儿席地布一陋席，清供翠竹一枝、黄花一簇，一壶四盏，瀹泡马头岩肉桂，汤色如花，茶香似果，结缘左侧的三位宾客。

无我茶会，主张无我、平等、分享、奉献精神，它肇始于千利休配合丰臣秀吉举办的北野大茶会。无我茶会，最早是由台湾的蔡荣章先生发起的，尔后风靡国内。因此，无我茶会总带着些日本茶道的影子，过多地陷于形式和仪轨，少了对茶汤香气、滋味、气韵的关注，这也是日本茶道与中国茶道的方向性分歧之一。其实，不论是哪个茶道，都应该包含着对生命的观照，以安顿身心，极高明而道中庸。吃茶应持平常心，在当下中无我，忘却林林总总，尤其在这千年古刹，止语之刻，茶性、人性、佛性，容易归于般若一味。人在红尘中漂泊，难以无我。若能在吃茶、敬茶、礼茶之中，觉知当下，无我无执，不就是"吃茶尽在一得间"吗？

木樨花窨龙井茶

月近中秋，杭州的旧友，快递寄来满觉陇的桂花，娇小的花蕾，红黄相间，香沁透纸。

位于杭州西南的满觉陇，自唐代起，就遍植桂花。传说杭州曾有"雪"之三绝：西溪的芦花，名之秋雪；灵峰的梅花，名之香雪；满觉陇的桂花，名之金雪，皆是动人心魄的春色秋妍。我几乎每一年，都会去虎跑泉喝喝茶，到满觉陇走一走。清人张云敖的《品桂》诗云："西湖八月足清游，何处香通鼻观幽？满觉陇旁金粟遍，天风吹堕万山秋。"满觉陇的桂树，偃伏石上，风吹花落，满阶满坡，细细密密，像极了金碧辉煌的香雪。

桂花性温，味辛香；入心、脾、肝、胃经，有行气化痰，止血散瘀的功效，因此民间常用于入药、做粥、酿酒等。《药性考》记载：桂花"窨茶造酱，调食芬馨，开胃生津"。

今春的西湖龙井，还余一斤，正好可用满觉陇的桂花来窨。先把一斤龙井与二两新鲜桂花混合均匀，密封在铝箔袋中，两个小时后开启，把桂花从茶中筛分出来它用。初窨过的龙井，经稍稍干

杭州狮峰龙井茶山

燥后，再在茶中拌入等量的桂花，进行第二次窨制。三小时后，
筛分出桂花，或煮粥，或作桂花山药，物尽其用。

窨过两遍的龙井茶，要及时烘干。茶中吸饱了桂花香，把秋香圆
满地融进在春色里，桂花龙井便告成功。满觉陇的桂花与西湖的
龙井茶，历经半年的时光后，在茶盏里有了完美的松梅般邂逅，
堪称艳遇清欢。一个是春叶，一个是秋华，春叶秋华，和合成为
桂花龙井茶，茶里便裹夹了清明与秋分的气息和能量，能让爱茶
人二美得兼，也算是因缘具足了。

以"满陇桂雨"著称的满觉陇，也有三绝，分别是虎跑水、龙
井茶、桂花香。龙井茶清心，桂花香行气。蕴藉了桂花香的龙

井茶，春华中撷了桂香的幽深，秋香里添了春茶的清馥，如果再用虎跑的泉水瀹泡，好茶、好花、好水，该是多么美满的天造地设！若是在雪落的冬夜品它，清明的茶，秋日的花，茶引花香，花益茶味，诸多浪漫相逢在一瓯里，盏里若再铺陈着皎洁的月光，又该是多么的温暖与缱绻。可惜呀！圆满的，从来不是真实的人生。

明代朱权的《茶谱》里，详细记载了薰茶之法。当花含苞待放时，凡百花之有香者，都可拿来窨茶。窨茶之花，最好选择清灵有格调的鲜花。明代张源在《茶录》里告诫："茶自有真香，有真色，有真味。一经点染，便失其真。"我嗜茶日久，于茶恭敬，将此奉为圭臬。奈何满觉陇的桂雨、上天竺的芬芳，诱惑太大，让人"不羡明前初摘叶，只贪手里杯馨流"。偶尔做些沾染花香的茶，让我在桂花香里婉约一把，也无伤吃茶的清雅。

茶里有花，稍损茶味。如果心是通透的，同样能品出林泉高致，一样饮得疏风朗月。窨好的桂花龙井，别有一番滋味，一杯在手，人茶俱香。黄庭坚有"花气薰人欲破禅"。陆放翁也有"春物撩人也破禅"。其实，能破掉的，都是浮夸的行为艺术，与禅定无涉。如同那些天天吆喝着修行与放下的，又有几人能真正看破？宋代刘士亨《谢璘上人惠桂花茶》诗云："金粟金芽出焙籝，鹤边小试兔丝瓯。叶含雷信三春雨，花带天香八月秋。味美绝胜阳羡种，神清如在广寒游。玉川好句无才续，我欲逃禅问赵州。"这充分说明，在宋代可点的不惟有绿茶，也有馥郁清婉的花茶。

寒露

云白柿红饮南山

茶烟轻煦以熏月

中秋瀹饮大红袍

柿红桔绿寒露茶

云白柿红饮南山

金秋九月，菊黄萸紫，柿叶红翩，是南山吃茶的好时节。趵突泉虽贵为天下第一泉，但因喷涌势急，水质偏硬，不太适宜泡茶。陆羽《茶经》里讲的"山水上"，是有制约条件的，是"其山水，拣乳泉，石池漫流者上"。当然，南山也有诸多水质甘甜的名泉，但都隐在古村和山涧中，若与江南的名泉相比，水质还是偏硬了些。

晨起，与晓东、鲁雪诸友齐聚南山。白云下，溪流边，草木深处，汲泉白石。攀循山径，身沾秋露，衣染药香。及至山腰，于老柿树下，青石板上，布山居茶席。清供红果、野菊，垒石为灶，壶煮山泉。待水三沸，瀹"白素真"，炉火汤红。树影婆娑，茶烟起处，有习习秋风，脉脉茶香。

白素真，是用政和大白茶压制的一款陈年饼茶。叶大质厚，铁骨柔情。外表似关西大汉，其滋味、茶韵，却是十七八岁女郎，执红牙板，歌"杨柳岸，晓风残月"。这种外表与内质的巨大反差，甚至让我怀疑人生。政和大白茶不同于福鼎大白、福鼎大毫

茶，它晚熟、梗长、毫疏、叶厚、色深。长得丑、采得晚，默默无闻两三年。待三年后，它会突然变得惊艳，厚甜醇滑，香清如兰。好茶不负人，无求品自高。素心自此得，真趣非外惜。

箕踞山石之上，把盏啜饮。放眼处，柿红枝头，疏林如画。耳畔虫鸣清唱，蛩语悲吟。鼻观野菊清芳，缕缕药香；眼前浆果，红莹晶黄。口中之茶，舌底鸣泉，过喉醇香。三碗过后，渐饮渐暖，身发轻汗。山野清秋，桔绿橙黄，红叶翩翩。菊白柿红，几声虫喧，不惟萧瑟，似春盎然。

午后友散，女儿在山中采花摘果。我独自执卷，吃茶溪边，瀹泡数日前窨制的桂花龙井。龙井浅碧，如春蕊朵朵。好茶必发于水，豆花香里，汤厚水滑。盏底汤表，甜甜的桂香，馥郁悠远。

春茶秋花的偶遇天成，茶味里育化出春天里的秋天。见微知著，一盏茶里，春水里涨满了桂花的秋意，秋味中绽放着翠绿的春天。斗转星移，时序轮转，人生何必春悲秋怨？秋月春风，不过是淡尽了又浓、深红复浅红。

溪水淙淙，卵石圆立，青苔招摇，激起涟漪。朱熹曾在庐山脚下，退隐静修，白鹿洞外，枕流漱石。秋凉石冷，临水吃茶，我不敢去效仿古人，只能于中观物义，读读《枕流桥》诗罢了，"峡急岂有心，临桥石相激；暮惊桥上听，夕阳人独立。"

齿漱山泉，有茶相伴。手挼草药，熏衣染香。南山的清泉黄菊，山里的茶香秋况，让我自在悠闲了一天。有位哲人曾说："山不来就我，我便去就山。"人生本该如此，当我们无力改变城市的居处，可以茶为媒，去营造一个小的环境，让心诗意的栖居。山柿红犹涩，茶盏热更香。南山向晚，坐息尘心。一日得闲一日仙，人间有味是清欢。

茶烟轻煦以熏月

古代帝王有春天祭日、秋天祭月的礼制。《礼记》记载："天子春朝日，秋夕月。朝日已朝，夕月以夕。"民间也有祭月赏月的习俗。宋代吴自牧的《梦粱录》说："此际金风荐爽，玉露生凉，丹桂香飘，银蟾光满。王孙公子，富家巨室，莫不登危楼，临轩玩月，或开广榭，玳筵罗列，琴瑟铿锵，酌酒高歌，以卜竟夕之欢。"中秋在望，我谨循古风流韵，布一茶席，以茶祭月，谓之"熏月"。

茶选武夷山水帘洞的奇丹，火气已退，高温瀹泡，香气若桂，稍带兰香。奇丹又称纯种大红袍，属中叶类晚生灌木，叶型长椭圆，以清雅幽长的桂花香见长。它与武夷山九龙窠峭壁上六株母树的第2、6株同源。能与奇丹并列称为纯种大红袍的，还有母树第3、4株的北斗品种。

正岩奇丹的气息，与月中桂树相应，双桂竞香，着意成双。花器选用七十年代小梅瓶，茶叶末釉，正面阳刻一"和"字，主枝为珊瑚红果，点缀些篱下翠竹。金秋月下，如能拾香一枝桂花

茶味初见

入席，的确清美应景，但念及月中已有桂树，孟臣壶中，若琛杯里，奇丹桂馥兰馨，氤氲席间。因此，我遂取梅瓶，清供翠竹数枝，娑婆筛月；珊瑚红果点缀其间，平添几分秋意。

若取南山柿红，横陈茶席之间，煞是好看养眼。奈何山高路远，还是持平常心，近取诸身更佳。家园邻圃之花，与周边环境最是相得益彰。漱玉泉水，茶煎月色，茶烟轻煦，果红凝秋，可邀嫦娥同酌。月光如水，秋色霏霏，红烛照影，小饮能破清寒。天上人间，双桂芬芳。薰人气自华，薰月影入茶。疏影横斜处，天然清淡，都是物外清福。桂香清近佛，幽人撷其芳，依花傍月泡茶，有怀都豁，平添一段雅趣。虚白浮秋，茶香起处，月色溶溶入盏，共饮团圆。

老子《道德经》警示我们说："五色令人目盲，五音令人耳聋，五味令人口爽。"月下饮茶，虽近同盲品，但却更接近品茶的本质。对于品茶，我们常常表达为喝茶、吃茶，而不能是看茶、听茶、嗅茶，就是因为茶汤是茶的灵魂。喝茶本是喝汤，品茶要用口，三口为品，四口为啜。只有忽略了外界干扰，忽略了过度包装，忽略了茶之外相美色，口腔对茶汤的滋味，对茶汤的细腻度、顺滑度、粘稠度，对茶汤的气韵，对香气变化的捕捉，才更加敏感准确。唯有如此，才能对茶的优劣，及时做出客观精准的判断。文徵明写有茶联："寒灯新茗月同煎，浅瓯吹雪试新茶。"寒灯与新茶，月色和雪花，都是清寒之物，皆非宜茶之境。在孤寂清冷之境，饮茶过寒，必然会损伤身心。在风霜萧然的雪夜吃茶，是需要红泥小火炉的，哪怕燃一支今晚茶席上的红烛，也能多一点温暖。

唐代刘禹锡的《尝茶》诗云："今宵更有湘江月，照出霏霏满碗花。"月色与茶，确有不解之缘。云南景谷还有一款大叶种茶，白毫特显，茶味清香，于是，世人便参照白牡丹的工艺，去做成了白茶。茶青经凋萎、干燥后，条索灰白，银毫闪烁，犹如皎洁的月光洒在茶芽上，故美其名曰"月光白"，又称"月光美人"。传说顶级的"月光白"，是在月圆之夜，由沐浴后的俊俏少女，采摘景谷的大白茶青，在月光下萎凋而成的。很有意趣的是，台湾东方美人茶的花蜜香，须有小绿蚁的助阵参与；而云南月光美人的茶韵，则需要有皎洁的月色融入。茶的许多传说，有时美得不足为信，但是，我们枯燥无趣的生活，还是需要适当美化和诗化的，何况是有滋有味的茶？

中秋瀹饮大红袍

那年，我从厦门乘车到武夷山，恰是中秋。路上接到太原小卿的短信："中庭地白树栖鸦，冷露无声湿桂花。今夜月明人尽望，不知秋思落谁家。"王建的这首《十五夜望月》，此刻读来悲感交集，尤其是"今夜月明人望月"，深深触动我那为商旅奔波、每逢佳节倍思亲的柔弱内心。往事也堪回首，我33岁从国企断然辞职，做水处理工程的那几年，几乎没能陪女儿过一个团圆的中秋。女儿是父亲永远的软肋，写至此，不禁潸然泪下。

爱茶之人，心与佛靠得更近。中秋月明之夜，我登上天心寺，去禅房挂单，客居天心。山月正圆，梵音清越，香烟缭绕中，我一个人拖着背影，褰衣步月，脚踏花影，炯如流水涵青蘋。过大红袍祖庭，散步至鬼洞与牛栏坑山路的交叉口，感其境过清，又信步折回。那晚的山月，分外皎洁，山路如积水空明，松柏竹影，婆娑交横。道旁盛开的茗花与山桂，花团雪明，清芳扑鼻。佛境未入，心境却清。

回到客房，我用随身携带的霁红盖碗，瀹泡泽道法师惠赠的一款大红袍。夜静山空，人静心静，缓缓注水泡茶，沸水一与油润紧结的干茶相遇，茶香便肆意弥漫了客房。汤红如玉，心生暖意。茶汤气息纯净，入口清透，有细滑粘稠的胶质感。最令我吃惊是，潜伏在茶汤里的那桂馥兰馨的幽香，一掠过口腔，便直抵咽喉深处，还弥漫扩散着幽微的清凉。难道这就是茶气充盈厚实的"气味清和兼骨鲠"？瞬间，我对武夷茶的岩骨花香，有了新的认知与领悟。

武夷山三十六峰，七十二洞，九十九岩，岩岩有茶，茶各不同，生态各异的茶山小气候，造就了武夷岩茶的品质高下不等。又加上繁复精微的焙火工艺，使岩茶成了乌龙茶中品系复杂、较难喝懂的茶类之一。许多人讲："三年喝不懂岩茶，很正常。"这种说法并非夸张，本质上还是为"火"所误，使人不得门径而入。但是，如果真正理解了苏轼的"骨清肉腻和且正"，与乾隆皇帝的"气味清和兼骨鲠"，一晚上喝明白岩茶，便成为可能。一款工艺精到的传统正岩茶，汤中香凝若骨，且有肉汤一般细腻的质感。香气清远，无驳杂味，无焦灼气息，为正。不苦不涩，滋味协调，为和。正岩茶的香远韵深，是指香气能够过喉。不能过喉的，香气只在前半个口腔内盘桓，或者回甘与香气，只在舌尖一点，而不能向口腔后部扩散的，即可理解为香短韵浅。

品茶一人得幽，月圆之夜的大红袍，让我醍醐灌顶，明白了正岩茶与外山茶的本质区别。过去喝到的岩茶，香短味薄，不是轻火有杂味、有青涩气，就是有高火碳化的焦糖香。不止是火，有段时间也为"香高"所误，于是越喝越迷惑，越喝越纠结，直到今晚才始有所悟。啜过始知真味永。习茶认知水平的提高或质变，在于在对的时间里遇见对的人，又能有缘品到一款质地纯正的标杆茶。

中秋之夜的天心寺，风影清似水，花枝冷如玉。松竹影里，细啜慢饮，心下自省，有一夜闻道的快意。唐代的扣冰古佛，曾于中秋之夜，在此对着明月豁然体悟："云遏千山静，月明到处通。一时收拾起，何处得行踪。"并感慨："欲会千江明月，只在天心一轮光处，何用捕形捉影于千岩万壑，以踏破芒履为耶？"这禅境即是"天心明月"的出处，天心寺之名便由此而得。六百多年前的明人胡濙，同样在风清月明之夜客居天心，写下茶诗《夜

传说中的大红袍母树

宿天心》："云浮山际掩禅院，月涌天心透客居。幽径不寒林影下，红袍味里夜可无？"世易时移，等闲变却故人心。大红袍的过去滋味，可能早已改变，但我相信，不变的是其茶性及萦绕在心头的清香。

大红袍，虽名满天下，但在世人的眼中，已成为闽北条索状乌龙茶的代名词。客观地讲，生长在九龙窠岩壁上的六株大红袍，是三个不同的品种组合，可尊为母树大红袍。而从母树上剪枝扦插、无性繁殖的北斗和奇丹，遗传的是母本的单一性，没有代际之分，故属于纯种大红袍。而用肉桂、水仙、名丛、奇种等拼配而成的岩茶，称之为商品大红袍。

在茶人的视野里，好茶自会说话，而非如雷贯耳的名头和花样。至于茶是谁做的？是否是大红袍？这些并不重要。因为在数不清的岩茶品种里，比大红袍更好喝的，多之又多，像是水仙、肉桂、铁罗汉、白鸡冠、雀舌、不知春等等。爱茶人注重的，是武夷岩茶的醇厚与岩骨花香之胜；关注的，是茶汤里暗绕的香清甘活。

柿红桔绿寒露茶

秋露，是天气转凉变冷的标志。仲秋白露节气，露凝而白。到季秋寒露时，已是露气寒冷，将凝结为霜了。

薄薄轻轻寒露雨，微微飒飒早秋风。寒露的北方，随处是柿橙叶红景象。闽南的茶山，却是郁郁苍苍。寒露前的最后一周，天高气清，昼夜温差大，最适于做出香气清扬的铁观音茶。这十天左右所采的茶，称为正秋茶。

清代屈大均在《广东新语》里，对采茶有如下评价："岁凡四采，采于清明、寒露者佳。"白露至秋分的茶，属于早秋茶，如果不是秋雨连绵，所产的秋茶，也是秋香袭人。秋分之后，随着降雨量的减少和气温的降低，秋茶的香韵渐入佳境。对大多数茶来说，春茶好于秋茶。唯独铁观音的秋茶，却是观音韵足，香气夺人。铁观音虽然春水秋香，我却独爱春茶的含蓄内敛。春茶开采时，正值安溪多雨的季节，此时的春茶，叶片肥厚，内含物质丰富，茶多酚含量适宜，茶氨酸与果胶物质含量高，因此，茶汤香气细幽，滋味顺滑，鲜爽醇和。秋茶虽然香高气扬，但是，由于光照较强等原因，叶片稍薄，滋味略粗，香气没有春茶绵长持久，过于锐利飘渺。秋茶入口清甜，少了春茶的微苦回甘。

铁观音茶，美如观音重如铁。其美名，据说是乾隆皇帝御赐的。铁观音色泽的乌润紧结，茶色如铁，颗粒沉重似铁，描述的都是头春茶的外观特征。而秋茶的色泽，却偏翠绿，颗粒较轻。十余年前，铁观音以其清香味醇，风靡大江南北，打破了中国北方曾以茉莉花茶、低档绿茶为主导的饮茶历史。许多资深茶友的品茶经历，都是从对铁观音余香满口的迷恋开始，并由此登堂入室的。铁观音凭借新工艺的清汤绿水，在当时可谓香艳惊天下。当人们对发酵轻、焙火轻，以香取胜的清香型铁观音，有了清醒的认识与感受以后，其饮茶人群，又逐渐开始向武夷岩茶、红茶、

普洱茶、白茶等茶类进行分化。

清香型铁观音的现代工艺，为营销以香夺人的效果，不像过去那样，依靠多摇青、少摊凉，完成茶青的充分走水过程，而是有意识借助了空调等调温、抽湿设备，轻摇青、长静置，依赖静置失水，而不是传统的依靠摇青走水，如此便保持了干茶的外观翠绿、茶汤青绿、叶底鲜绿的"三绿"特征，走出了一条乌龙茶偏向绿茶化的路子。清香型铁观音，因茶青发酵轻，青气重，含水率高，易变质，故需冷存。传统工艺的铁观音，走水彻底，发酵到位，兰花香浓，回甘明显，刺激性小。若再经适当炭焙，汤色金黄清透，滋味甘醇厚重，香气馥郁隽永。等级稍高的，花香、熟果香里常伴有淡淡幽幽的奶香气息。

六大茶类向前发展的每一步，都是承接古人，师法传统，在需求、利人、妥协、好喝等因素的驱动下，坚实地从失败与改良中走出来的。茶品的创新，首先应该立足传统，靠近传统。远离传统，没有传承的凭空创新，是无本之木，无源之水。茶江湖里，出来混，迟早是要还的。像是清香型铁观音，绿茶化的黄茶等，都是有目共睹的反面典型。

朋友捎来一枝山柿，准备清供茶室，然女儿手快，把红柿悉数摘走。寒露之夜，茶室里灯火通明，梅瓶里空余柿树枝叶，倍添寂寥。盏瀹2008年切碎的祁红特茗，色泽乌润，红汤金圈，滋味甜醇，玫瑰香浓。

寒露后，雨水减少，气温骤降，燥气当令，应滋阴润燥，收敛神气，养"收"之道。饮茶不可过于寒凉，以焙火到位的红茶、炭焙乌龙茶、普洱熟茶为主，兼以生津较好的绿茶、白茶。清香型铁观音、普洱生茶，苦寒并重，少饮为佳。

霜降

在水之湄蒹葭思
秋读西厢伴美人
秋气之应说茶陈
霜降幽林沾惠若

在水之湄蒹葭思

秋气盈盈，天高露冷。我在南山，穿行溪涧，寻幽觅泉。两岸蒹葭苍苍，溪中苔青覆石。忽见清波潋滟处，卵石间丛生数穗红蓼。几叶青翠伴秋黄，水边疏影，妩媚娉婷。

幼读《诗经》，有蒹葭之思。近年好茶，常想布一茶席，以释年少情怀。以美人喻茶，东坡有"从来佳茗似佳人"。写佳人泡茶，王元美有"柳腰娇倚，薰笼畔，斗把碧旗碾试"。描绘美人品茶，崔钰有"朱唇啜破绿云时"。清涧碧溪，寒花疏寂；苇白蓼红，柔情似水，让人恍入《诗经》旧梦。"蒹葭萋萋，白露未晞。所谓伊人，在水之湄。"脉脉蒹葭白，袅袅水蓼红。静美的蓼花，曾是我童年的回忆与莫名的乡愁。静闲宜红蓼，红蓼秋瘦，早已成为深秋寄情抒怀的意象。在水之湄的伊人，就是那席意蕴深长的香茶。

关于红蓼，北宋司马光有"玉盘翠苣映红蓼"；苏轼也有诗："雪沫乳花浮午盏，蓼茸蒿笋试春盘。""蓼茸"是水蓼的嫩芽，古人用开水焯过后凉拌而食，也可清炒。贾岛诗云："食鱼

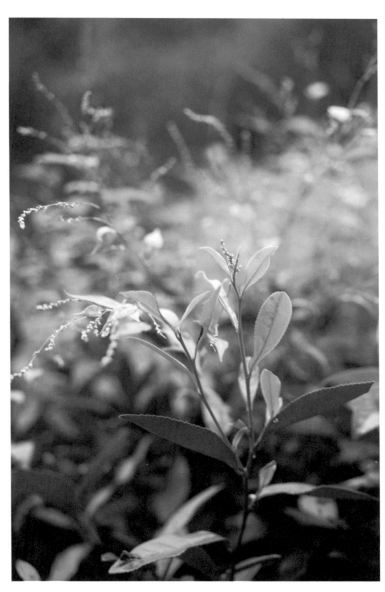

与茶树伴生的红蓼

味在鲜，食蓼味在辛。"不管是司马光的"玉盘"，还是苏轼的
"春盘"，都属五辛盘。盘内盛满葱、蒜、韭、芥、蓼等一起，
以五辛发五脏气，以辛养筋脉。另外，"辛"与"新"谐音，大
有迎春、咬春之深意。古人种蓼为蔬，而和羹脍。红蓼，不仅是
鲜美的野菜，而且能疗妇科诸病，也可制曲酿酒。古代的蓼曲，
即宋代《本草衍义》所说的"今造酒取叶，以水浸汁，和面作
曲，亦取其辛耳"。

宋代陈景沂的《全芳备祖》记载："越王念吴，欲复，怨非一旦
也，苦思劳心，夜以继日，卧则尝蓼。"蓼味辛辣且易得，我更
倾向于此。如是之，那么越王勾践的卧薪尝胆，就成为"卧薪尝
蓼"了。

我在水边，以石为灶，煎水泡茶。白石绿苔间，布席"蒹葭之
思"。蓼红花繁，临水照影，几枝醉秋，自然入席。朱泥思婷
壶，梅青斗笠盏，安放于藤编乌木茶盘内。老银壶，煮清泉，瀹
茶两款奇兰。

茶为山中清物，生于幽谷深涧。问茶寻香，道阻且长。好茶难
逢，如佳人幽居空谷。此席茶选奇兰，有伊人若兰、"美人娟娟
隔秋水"的引申。茶贵采时，凌露采焉，故茶又有"兰芽"之
喻。宋词有"兰芽玉蕊，勾引出，清风一缕"。临水泡茶，犹兰
芽浸溪，契合席意。

茶席设在溪之上游，寓煎茶之要，宜源头活水。奇兰、活水，幽人、蓼花，一期一会。流水生香，品茶知味。遂即兴赋诗一首："静临溪水碧，闲看浮云白。谁怜翠色寒，我啜茶一盏。蓼花结晚红，黄叶向秋凤。秋水影偏深，茶意不可寻。"

武夷山的奇兰，继承了闽北乌龙的条索形状，焙火较重，汤色红浓，滋味醇和，有着墨兰的甜甜幽香。闽南平和县的白芽奇兰，干茶翠绿油润，呈包揉过的颗粒状，汤色杏黄，滋味鲜爽，有素心兰的淡淡馨香。同是品种相同的奇兰，却因闽南、闽北的制作工艺而悬殊甚大。制茶技术和习惯的传播是一个因素，最终影响土著居民口感与技术选择的，还是文化背景的差异。闽北曾是朱熹的故乡，山林沧茫，民生多艰，多食咸辣，故闽北的茶，滋味厚重、内敛醇和。闽南近海，饮食清淡，开放的海洋文化，影响了闽南茶的鲜爽高扬、气息清雅。由此可见，茶席与茶的变化，数千年来，从未远离过文化。

所谓文化，即是"观乎天文，以察时变；观乎人文，以化成天下"。茶文化自神农至今，糅合儒释道，凝结茶中而又游离于茶外，它的形成绝非一蹴而就，一朝一夕。因此，那些动辄以茶文化贴金，并作为标签和噱头的振兴与发展，是对文化的亵渎，只会暴露出自己的低俗与野蛮。文化不容肆意践踏，亟需在与时俱进中，呵护好其主脉，方能根深叶茂，源远流长。

茶味初见

秋读西厢伴美人

泉城的黄昏，冷雾缠绕，细雨霏霏。书房里，炉宿余香，檀沉清芬。红木平头几案上，清供故乡道旁采来的旋覆花。一枝数朵，虽近萎黄，无碍茶香，尤助清况。

清寒之夜，最适合起炭煮水。从炉子里冒出的温暖火舌；木炭爆裂发出的噼噼啪啪声响；煮水的"嗖嗖欲作松风鸣"；水之将沸，腾波鼓浪的咕嘟声；都是寒夜里泛着茶香的最动人的天籁之音。炭火有焰、热值高，水沸腾得快，因此，古人把有焰之火，称之为活火。上好炭火煮沸的水，柔软甘甜，活水还须活火烹。

寒夜里的烟火气息，是有过此种体验的人，铭刻在记忆里的温暖。白居易诗云："绿蚁新醅酒，红泥小火炉。晚来天欲雪，能饮一杯无？"诗中的"红泥小火炉"，把读它的人的内心，照彻温馨了千余年。寒雨之夜，更深何物可浇书？自然是一盏香茶。于是，红泥炉起炭煮水，用思婷朱泥壶，瀹泡许久未饮的东方美人。

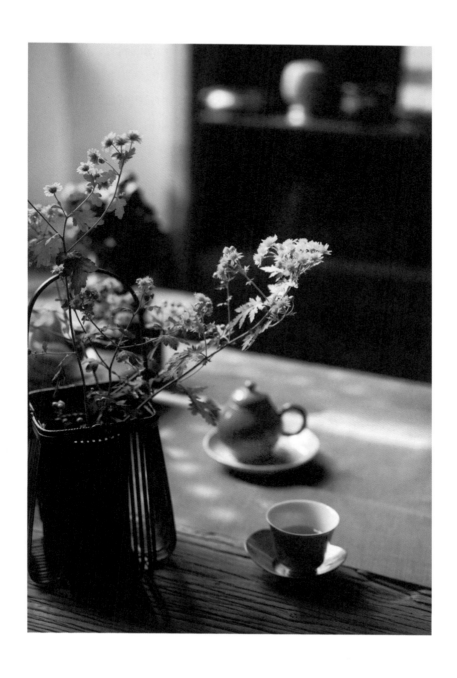

茶味初见

东方美人，又名膨风茶或白毫乌龙。它主产于台湾的新竹、苗粟一带。近年云南的蒙自也有种植，是发酵最重的乌龙茶属。前年，我和迎新组织的网络户外茶席活动，就是用云南蒙自制作的东方美人，作为奖品分享的。当时户外茶席的宗旨，是鼓励旅行在外的爱茶人，能用手机随时拍下自己喝茶的真实场景，随心记录下在某地某时油然而生的品茶感触。

东方美人茶的品质，既取决于茶青的制作工艺、发酵程度，也与端午节前后，小绿叶蝉蚁对一芽两叶茶青的叮咬、着涎程度有关。正因为茶园要故意培养小绿叶蝉群聚，人为"虫害"的故意存在，才使得东方美人茶的茶园，不能随意喷洒农药，从而饮用相对安全。东方美人茶的特殊花蜜香，是在茶树受到叮咬后产生的特殊成分，茶树凭此呼救信息，吸引小绿叶蝉蚁的天敌来保护自己。招虫灭虫，其中蕴含着自然的物竞天择、相生相克。

东方美人干茶，条索紧结，干茶白、绿、黄、红、褐五色相间，宛若敦煌壁画的羽衣飞天，五彩斑斓。人与昆虫通力合作，成就的好茶难得，我怎会舍得洗茶呢？取小银壶煎水，朱泥壶随心而泡，汤色橘红金黄，明澈鲜丽。入口顺滑香幽，徐徐津生。馥郁的蜜甜香里，茶汤点滴入盏，茗芳浮盏，是胭脂泪，相留醉。"有美人兮，见之不忘。一日不见兮，思之如狂。"风流蕴藉的回味中，有崔莺莺待月西厢夜听琴的缠绵。"野有蔓草，零露溥兮。有美一人，清扬婉兮。邂逅相遇，适我愿兮。"口齿噙香的回甘里，有《诗经》里相逢美人的欣喜。风华绝代的东方美人，最是温润可心。用心品过，方知此物最相思。

有"美人"茶相伴，夜读《西厢》，自叹清福不浅。《红楼梦》中，黛玉在沁芳桥畔，桃花树下，捧读《西厢》手难释卷，写下了柔肠寸断的《葬花吟》。我细读："碧云天，黄花地，西风紧，北雁南飞。晓来谁染霜林醉？总是离人泪。"只觉词藻警人，余香满口。可是，我有怜玉之心，却无咏絮之才，只能愧对寒夜里的这一盏茶汤。

云天、花地、风来、雁飞、林醉，五彩缤纷。云碧、花黄、风紧、雁褐、林红、霜白，五色斑斓；深秋里的色彩，恰似且读且饮的东方美人茶的五色尽现。

茶味初见

秋气之应说茶陈

明末周亮工在《闽茶曲》写道："雨前虽好但嫌新，火气未除莫接唇。藏得深红三倍价，家家卖弄隔年陈。"作者并自注云："上游山中人不饮新茶，云火气足以引疾。"周亮工很清醒地认识到，新茶在杀青、焙火的工艺中，会残留火气和燥气，可能会使口腔产生不舒适的感觉，尤其是在春秋季节，燥邪伤肺，更不利于身心健康。新茶应待以时日，等火气全消后再品更佳。如果是武夷岩茶，等到汤色深红，火气退尽，其品饮与经济价值会高出数倍。尽管周亮工后来又否定了自己，但是，在文献中首次提出喝茶不宜太新养生观念的，周亮工算是第一人。

梳理六大茶类的演化历史，制茶技术的发展基本如此：稳定靠杀青，生香靠做青，风味靠发酵，提香靠烘焙，臻化靠贮存。

传统杀青工艺的绿茶，如碧螺春、西湖龙井等，在制作完毕后，常常会放置在生石灰缸里，贮存一周或数月不等，待茶中水分降低，青味散掉，寒性减弱，火气退尽后，品饮最宜。此时香纯味厚，无口干舌燥之虞。八十年代以前，茶区没有冰柜，缺乏电焙

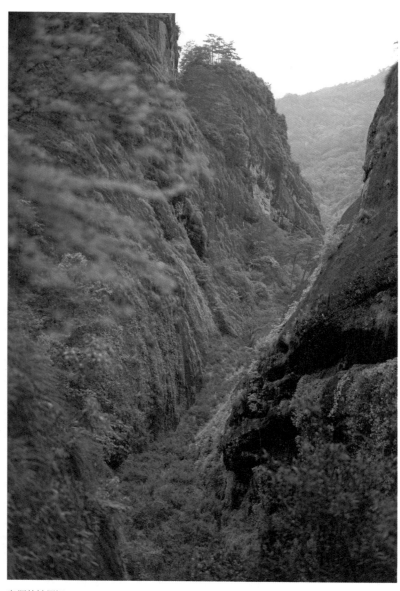

鬼洞的铁罗汉

条件，茶的干燥方式，主要依靠炒干和炭焙。那时的传统绿茶，
杀青透，吃火足，香气厚，含水率低，耐储存，不易变质。现在
的很多人，缺乏必要的鉴茶常识，故多被不良商家误导，过于注
重茶的观感，是否碧绿？过于在乎茶的外形，是否细嫩？因此，
这种贬叶扬芽的扭曲饮茶观，传导给市场的错误信号，必然是刻
意制作低温杀青的绿茶，或是催芽剂催生的芽头茶等。这类越采
越嫩、越做越绿的茶，往往青涩气较重，香气不扬，不耐高温冲
泡，不耐久存，饮后对肠胃刺激较重。这也是人们误以为绿茶伤
胃的主要原因。

武夷岩茶、凤凰单丛、台湾乌龙和铁观音，其传统工艺发酵适
中，焙火到位，待以时日，火气退后，茶香入水，汤趋厚滑，
味益甘甜。经年的传统铁观音，高扬的兰花香里，会衍生出更
温润的熟果香、乳香等。储存良好的武夷岩茶，花香会向更成
熟的果香转化。值得注意的是，当茶的综合香气，到达一个峰
值后，必然会掉头向下，逐渐趋于弱化，向低沉的木质香、
草药香、枣香等变迁。清末连横的《雅堂文集》里，对铁罗汉
老茶的妙用曾有记载："新铁罗汉滑而无骨，旧铁罗汉浓而少
芬，必新旧合拼，色味得宜，嗅之而香，吸之而甘，虽历数
时，芳流齿颊，方为上品。"

红茶是发酵程度较高的茶类，经干燥或焙火后，新茶火气较重，
退火后再饮，滋味更佳。只有炭焙或经电焙焙透的红茶，经密封
陈化后，香气才富有变化，滋味趋于甜醇，耐泡度增加。我品过

二十年左右的祁门红茶，除保留了幽微的类玫瑰花的品种香外，茶汤里多了类哈密瓜的果香。三十年左右的传统正山小种，桂圆汤香里有了薄荷糖的味道，饮过身心通透，喉吻清凉。

　白茶经过凋萎、干燥，轻微发酵，保持了茶青中较多的原始活性物质。新茶寒凉，可能微有青气存在。在常温、密封的自然条件下陈化后的白茶，茶汤清甜，寒性趋弱，香气会呈花香、蜜香、秋梨香。等级高的野生老丛白茶，花果香里伴有奶香微微。过嫩的白茶，如白毫银针，经不起时间的陈化。陈化年久的白茶，叶色渐深，乃至红褐，有些会呈碎片化。茶汤从杏黄明亮，逐渐向橙黄、橙红、深红过渡。茶汤渐红的老白茶，可瀹泡、煮饮，滋味甜醇，成熟的花香、果香、粽叶香、木质香、枣香、药香等，在茶汤中会随陈化浅深而次第呈现。

普洱茶、安化黑茶、藏茶、六堡茶、湖北大青砖等黑茶类，梗粗叶大，粗茶细做。只要品质可靠，工艺到位，后期茶的陈化，会逐渐趋于醇和厚滑，汤色如花。黑茶在有限的时间内，可能会越陈越香，但当越过茶香曲线的拐点之后，香气会趋于低沉。在一定的时间范围内，伴随着茶香的减弱，茶汤会渐渐趋于濡滑厚甜。

有一点需要澄清，古人所讲的陈茶，一般是指次年或第三年的茶，并非数十年乃至百年。周亮工虽然说过"家家卖弄隔年陈"，但是，他后来又说："闽茶新下，不亚吴越。久贮则色深红，味也全变，无足贵者。"周亮工对茶的深刻认知，无疑是理性和客观的，他甚至比今天那些陷于利益中的所谓"茶人"，更加清醒与敏锐。陈茶滋味醇厚，并非是说可以无限期的"久贮"。周亮工眼里的武夷茶，三年就会臻于完美，又何必再久？再久可能适得其反。莫说是茶，即使是药用的陈皮，其综合药效也是存放两、三年的更佳。古人取药之陈，主要为避免其刺激性和毒副作用，而非越陈越好。

新茶得春天生发之气，虽滋味鲜爽，色泽悦目，但苦寒并重，生发之性太过，需存放时日，等茶性收敛、火气渐消之后，会更甜爽，有益身心。茶质稍陈之后，苦消甜增，沉香凝韵，性趋温和。茶叶内含的大分子物质，伴随时间的陈化，逐渐裂变成可溶且易吸收的小分子物质。茶汤由此变得更加细腻厚滑，易于吸收入血，呈现出陈茶特有的体感、汗感、清凉感和饱腹感。

霜降幽林沾惠若

蒹葭苍苍，白露为霜；漫山红遍，层林尽染。是霜降这个肃杀的节气里，饶有趣味的两种意象。霜降的茶山，山明水净，树树深红出浅黄。茶树在这个时令，可以看到很有意思的"带子怀胎"现象。也就是说，在同一株茶树上，能够同时看到今年的花蕾含苞、花开蕊黄和去年的茶果黑黄。霜降前后，枝头上去年的茶果开始成熟，落地后便可生出小茶苗。

霜降的西双版纳，秋雨已歇，此时的谷花茶，白毫若莲，其香如荷。广西苍梧的六堡茶区，有采霜降茶的习惯。六堡茶中的霜降茶，耐泡且有特殊的香气，又称霜降香，尤其是风味独特的老茶婆，泛着罗汉果的药香，值得一喝。老茶婆，是在霜降到立冬期间，采摘当年的成熟叶片或隔年的老叶，采用捞水杀青并阴干后，晾挂在灶头或阁楼上保存起来的。

《红楼梦》第二十五回里，林黛玉在花光柳影、鸟语溪声中，去怡红院看望宝玉，遭到凤姐取笑道："你既吃了我们家的茶，怎么还不给我们家作媳妇？"这里的"吃茶"，是比喻女子受聘。古时的很多地方，有"饮茶定终身"的习俗。因此定亲结婚，常以茶为聘礼。明代郎瑛在《七修类稿》中，有这样一段说明："种茶下子，不可移植，移植则不复生也，故女子受聘，谓之吃茶。"古人受限于农业技术的落后，认为只能以霜降前后成熟的茶果作为种子，才能长成茶树，且不可移植。茶树在古人的视野里，具有茶性清洁、至性不移的特点，因此，茶树便被赋予了从一而终的婚姻道德观。

露深花气冷，霜降蟹膏肥。霜降前后，《红楼梦》中的才女们，在持螯吟菊赏桂，黛玉有"毫端蕴秀临霜写，口齿噙香对月吟"，宝钗写下了"酒未敌腥还用菊，性防积冷定须姜"。曹雪芹深谙阴阳之理，先是凤姐吩咐把酒烫得滚热，多倒些醋姜，后是贾母让湘云告诉宝玉、黛玉少吃。醋能起味，姜与热酒可散螃蟹之寒。《黄帝内经》提醒说："谨察阴阳所在而调之，以平为

期。"饮茶也应如此，茶性的阴寒，要用深秋之后的茶食来协调中和，方算是解茶之人。

霜降日，我与数位茶友品饮陈年的老茶婆，叶片粗老肥厚，呈饱经风霜的红褐色。沸水瀹茶，随气雾蒸腾的菌花香，芳气满闲轩。德化白色薄胎茶杯，尽显茶汤的红浓妖娆。经霜的茶，也会汤色红于二月花。馨香的茶汤入口，稠厚香甜；五水后，陈韵渐淡，迷人的槟榔香绽显。十水后闷泡，汤色淡似桃花，汤薄水却更甜，枣香味渐渐呈现。细观叶底，呈现光润的铜褐色。叶片撕裂处，有如藕节断面的丝线交织着，显露出霜降前后叶片的一些特点。这款老茶婆，饱满跌宕的层次感，很像一位历经沧桑、阅历深厚的老人，温暖、醇和、宽厚、亲切。喝茶如斯，让我真切地感到，老人老茶都是宝。家有老人和老茶，都要恭敬珍惜。

霜降时节，如居北方，在暖气未送之前，要重视保暖、防秋燥、祛寒湿。饮茶以退火到位的乌龙茶、黄茶、黑茶、普洱熟茶为主。绿茶、白茶、清香型铁观音、普洱生茶等，并非不能饮用，适饮为佳。根据节气的寒热变化饮茶，只是喝茶养生的一个层面。喝茶对于平衡身体的阴阳和调节饮食的寒热变化，所起的作用，并没有我们想象得那么显著，因此，只要少饮浓茶或不过量饮茶，无论适饮哪种茶类，对身体产生的影响都不会太大。

立冬

茗花盛开武夷茶

牛栏坑深岩骨香

流香涧里花静芳

立冬夜读煮茶暖

茗花盛开武夷茶

武夷山，是茶的天堂。爱茶人，就像是山中的候鸟。年年如约纷
至沓来，满载而归。立冬前后，传统武夷岩茶的精制接近尾声，
此时来武夷山问茶，天气不热，恰逢良时。

初冬的三坑两涧，飘荡着茶树花开的幽芳。山里的气温，还不是
太凉，依然是喝茶的好时光。清晨的霞光中，我和晓东、亚伟、
都雪诸友，经过武夷宫、大王峰、九曲溪畔，穿林渡水，去止止
庵喝茶。

道教的南宗五祖白玉蟾，对武夷山情有独钟，他在《止止庵记》
写道："神仙渺茫在何许？盖武夷千崖万壑之奇，莫止止庵若
也。"止止庵道观，是武夷山最幽美的洞天福地。在四大名丛
中，以清幽见长的白鸡冠母树，据说最早生长于道观的白蛇洞
内。幽深素雅的静和茶寮，竹影婆娑盈窗，位于庵内的西南侧。
气质清美的韩道长，一袭白衣道袍，神清目朗，瀹泡庵内自产的
白鸡冠，为我们讲述着止止庵的历史与过往。佳处要领略，忘言
心自怡。白鸡冠的淡雅内敛，道尽了"止止"二字所含的真义：

止止庵

知其所止，方能止于至善。学会适可而止，是茶与人生的大智慧。浸染了道家风水与智慧的白鸡冠，多像韩道长那清澈深邃的眼神，清净得让人无法忘记。

学茶不仅是学会喝茶、辨茶，而且需要了解好茶的生态，这才是知其然更要知其所以然的道理所在，尤其是武夷岩茶。下午，我带领他们走进山里，迤逦而行在偶有红叶翩然的三坑两涧。沟沟坎坎里，触目皆是茗花肆意的盛开景象。蕊黄瓣白，清芬蕴藉。今年的茶花，开得尤其灿烂，雪一般的繁花满枝。远望近俯，玉脸含羞，高洁照人。满山的茶树，在此刻似乎倾尽了最后的一点

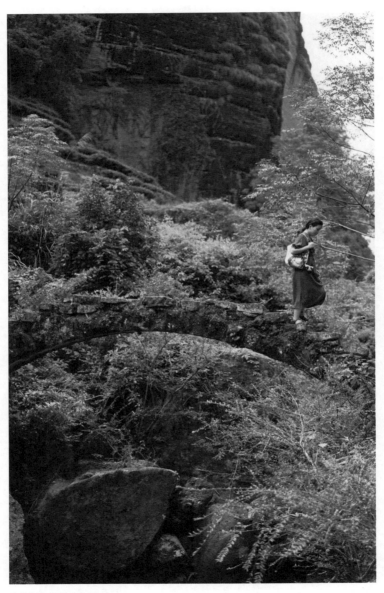

章堂涧古老的马齿桥

力量，锦簇花团地怒放着，鲜媚得有些令人悲伤。冬天的茶树，是为来年春茶蓄积能量的季节，如茗花开得太盛，势必会影响明年岩茶的产量和质量。

陆羽《茶经》描述茗花："花如白蔷薇"，它的确非常类似白色的荼蘼花。茗花开落山寂寂。茗花清美，除了插瓶清供茶室，其鲜花或干花，洁白清芬，略带苦涩，可代为茶饮，又宜煮粥，可与梅花一争高下。

我们从长满绿意的流香涧，经慧苑寺、鹰嘴岩，从章堂涧出山。据史料记载，朱熹曾在慧苑寺居住过，并遗留题写过的匾额"静我神"。下山的路上，茗花的香浓清寒，让我无法释然，我暗笑自己已经着相。涧户寂无人，花开纷且落，是茶树的自然。花开予我的清愁，有住生心，只是我惜茶的私虑。冬日暖阳里，茗花开与不开，盛放与否，是茶树的自愿。谁也改变不了谁的因果！

茗花不争春，寂寞开最晚。此花开尽更无花。在寒冬的寂寥里，茗花能清醒地让自己盛开一把，是为了熏香冬叶、避香来年的春茶。花落后的幼果，要历经春风、夏雨、秋露、冬霜，待到春风吹又生，才会在第五个季节中修得圆满。然而，它却又一次让位于春天的新芽萌发，把自己悄隐在茂密的翠叶之下。五季才能修得正果的苦涩艰难，或许在泡茶时，在叶片舒展的瞬间，能从茶汤里体会到那么一点点。

牛栏坑深岩骨香

牛栏坑，位于章堂涧与九龙窠之间，不过是狭窄的山谷中、一条常年流水不断的清幽溪涧。但是，爱茶的人到了武夷山，都会慕名去牛栏坑里走走看看。满涧的茶树与芬芳，是牛栏坑的灵魂，一处有了灵魂的风景，才会产生圣地般的迷人魅力。每次到武夷，我也会寻香而至。先到牛栏坑去看看茶，嗅嗅山谷里的清新气息，瞧瞧草木黄绿的变化，这魂系梦牵的一去，就是连续十几年。

香高不过肉桂。牛栏坑的肉桂，简称"牛肉"，因花香细幽，岩韵气足，品质绝佳，而闻名于世。其实，竹窠、三仰峰等某些小山场所产的肉桂，也在三坑两涧的核心位置，品质丝毫不逊于"牛肉"，其香气、滋味、气韵，有过之而无不及。只是少有人喝到，名气便小了些。

来武夷山的茶客，一般都会先到天心庙去静静心，喝杯寺院茶，这里曾是大红袍的祖庭。寺庙初建时叫山心庵，因为寺庙所在的天心峰，位于武夷山的中心，故名。

越过天心永乐禅寺，向后右侧的北东方向，沿唯一的一条羊肠小道，大约行走一里地，便是名冠天下的牛栏坑。耐人寻味的是，水金龟的母树，曾生长在牛栏坑的牛头位置，而牛栏坑却因肉桂的存在，而名声鹊起 。肉桂是武夷山的本土品种，原产于慧苑坑。慧苑坑草木幽深，溪谷密布，环境潮湿，日照时间短，故其肉桂没有老枞水仙著名。但是，慧苑坑的水仙与牛栏坑的肉桂，一并成为代表武夷岩茶最高品质的双绝。

冬日的牛栏坑，寂寥无人。山涧绝壁上，丛生的灌木绿染红黄，衬托着幽谷长涧中的满树茶花，洁白如玉，楚楚动人。

我沿着牛栏坑下行，翻过杜葛寨兰谷岩，在摩崖石刻的"不可思议"处，不可思议地遇到了郑州的清欢与佩佩。真是茶中天地小，何处不相逢！冬天还能在茶山寻香觅幽的茶人，前世与武夷茶一定有着不可思议的缘分。和清欢一番寒暄，然后相约晚上去天心村郑记，共享"牛肉"大餐。

沿山路再下行三四里，是牛栏坑口的风雨亭。从牛栏坑出来，不远处就是通向水帘洞景区的路口。夏秋之季的牛栏坑，溪水淙淙，草木葳蕤。坑内风柔水缓，溪流涧边的菖蒲翠绿丛生，山花和野茶密布在可能生长的每个角落。一畦畦的肉桂茶树，漫生在烂石之上，山崖高处，水汽氤氲。即使有阳光，也因山色空蒙，雨雾充沛，光照化为柔柔淡淡的漫射光。没有牛栏坑里风轻、坑深、岩秀、花香、水渗、光柔的独特山场，怎会有"牛肉"的刚柔相济、岩韵花香呢？茶是什么？茶是"清香至味来天然"，是润泽身心的春水晓露，是天地氤氲化生的至味琼浆。

烨烨灵荈，托根高冈；吸风饮露，负阴向阳。牛栏坑夹山对峙，沟谷幽深，是特殊的山场小气候，孕育了肉桂的一枝独秀。在牛栏坑狭长的沟壑内，有山岗、沟底、向阳、背阴之分，还有不少是近年新开垦的茶园，因此，即便同是牛栏坑所产的肉桂，其品质也会因土质、光照、湿度、生态的不同而悬殊甚大。见光多的香扬硬朗，见光少的阴柔水细。

夜晚的郑记茶室，从天心村的"马肉"（马头岩肉桂）开始，"猪肉"（竹窠肉桂）、"羊肉"（三仰峰肉桂）、"牛肉"陆续登场。一席正岩肉桂的饕餮大餐，锦绣铺陈开来。茶烟缭绕，满室生香，直喝得大家汗出津津，两腋生风。

阴柔内刚、清幽馥郁的"牛肉"，有着其他山场难以逾越的高度。干茶香清味幽，乳香明显；汤色红艳通透；茶汤柔滑，却绵里藏针；香气细腻，馥郁鲜锐，犹逢栀子花开。饮过喉底生津清凉，回味幽长。杯底冷香，是回旋着浓厚绵绵的花果甜香。期间我曾夸口，如再重逢"牛肉"，单闻干茶或再嗅杯底，便不会与之擦肩而过。

没去过牛栏坑，便很难领悟出"牛肉"那幽幽柔柔的花香。"牛肉"虽有肉桂之名，却无寻常肉桂辛窜的桂皮气息，只是淡淡的似有若无。我很难忘记分茶后，杯口壁上停留的那一滴茶汤，在光照下酒红晶透，粘附着、悬垂着，许久未能滴下。"牛肉"的稠厚里，裹黏着化不开的岩骨花香。

流香涧里花静芳

与牛栏坑肉桂相比，流香涧的肉桂偏于温柔水软，一切皆是生态和光照因素使然。流香涧，位于无心岩西面。山北诸涧，皆自西而东，独流香涧反道西行，古称"倒水坑"。涧边岩壁夹峙，悬崖峭拔，非亭午不见日月。涧内多生山兰石蒲，幽香沁人。明代僧人衍操写有《流香涧》诗："沿村行数里，入谷便闻兰。坠叶浮深涧，飞花逐急湍。岚光侵杖湿，苔色袭衣寒。欲试清泉味，烹茶坐石盘。"如果今天再次走进流香涧，仍旧溪谷留香，清绝依然。

流香涧，是明代《茗谭》的作者徐�命名的。徐𤭖谈及饮茶时曾说："但斟酌时，移建兰、素馨、蔷薇、越橘诸花于几案前，茶香与花香相亲，尤助清况。"他又说："有茶而不瀹以名泉，犹无茶也。"流香涧既有清泉，又产好茶，自然具足了这一切。翠萝深处，溪涧之畔，插枝茗花，布一席茶，两人对酌，颇具山林风味。此处便是水云间，何必再觅桃花源。

自古文人墨客，对茶的记述和描绘太多，却很少谈及茶树开的花

儿。陆羽《茶经》有"花如白蔷薇"。明代屠本畯的《茗笈》里，第一次详细论述了茶花的妙用："人论茶叶之香，未知茗花之香。余往岁过友大雷山中，正值花开。童子摘以为供，幽香清越，绝自可人，惜非瓯中物耳。乃予著《瓶史月表》，插茗花为斋中清玩，而高濂《盆史》亦载'茗花足助玄赏'云。"

现代对茗花的研究证实：茗花和茶叶的成分基本相同，具有解毒、抗癌、降糖、抑菌、美容、增强免疫力等功效。其中的抗氧化功能，可与世界公认的迷迭香媲美。时至今日，茶树奉献给人类的不次于新芽的茗花，还没有得到足够的重视与利用。每年茶山里的大量茗花，寂寞开无主，纷纷开且落，弃之委实可惜。

今年的深秋，我有幸参加世界第八届禅茶大会，在长兴的大唐贡茶院里，布茶席"应作如是观"，就是以三枝俯仰生姿的茗花为清供，清越可人，足助幽赏，赢得了中日韩茶界朋友的赞美。

冬日里，我再次走进流香涧，是在武夷的冬季茶会结束之后，与郑圣林一起，陪同一群初来武夷的茶友。我们从天心庙进山，经鬼洞、倒水坑、鹰嘴岩、慧苑坑，等到达流香涧的时候，已是夕阳晚照。流香涧行如深巷，青藤垂蔓，兰草丛生，幽深的恰恰妙好。山中无历日，寒尽不知年。除了能从茶树的花开里读出冬意，仅凭山涧里的翠深影寒，还真难看出节气的有序流转。

初冬的山涧，曲折蜿蜒，香逐涧水。春秋的"入谷便闻兰"，此

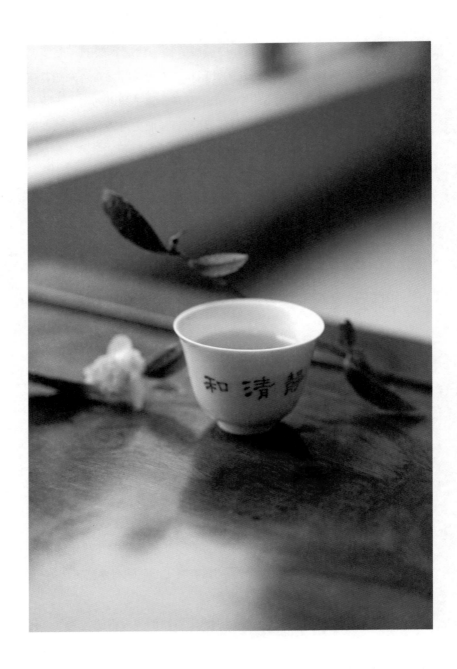

刻却被清雅冷香的茗花淹没了。流香涧的清美，让人驻足流连，不忍离开。记不得是谁吆喝着"口渴了"，我望着晶莹玉白的茗花，提议大家截段新鲜的翠竹作为吸管，以之吸食花蕾中的花蜜解渴。霎时间，大家像群蜜蜂一样，兴奋地吮吸着花蜜，吸入口的那一微滴，是从未体验过的脂粉般的清凉甜香。细品白鸡冠、肉桂、铁罗汉、水金龟等茗花比较，以老丛水仙的花气尤为馥郁清冽，香若腊梅。过了一把餐花饮露的神仙生活，我们口齿噙香，摸黑过大红袍景区，衣沾花香，一路散去。

晚饭后，与文婷在郑记喝茶，重泡八十年代的普洱方砖。普洱熟茶的柔软，掩不住茗花齿颊回味出的清婉。难怪当时有人说，茗花的气韵，很像薛宝钗的冷香丸，冷森森凉丝丝的。世人只知茶溶于水，方叫茶饮。却不知，在清气熏人的三坑两涧里，吸饱正岩茶树的花香茶气，也是花韵胜茶韵，无茶胜有茶了。

立冬夜读煮茶暖

秋深渐入冬，"冬，终也，万物收藏也。"立冬、立春、立夏、立秋，合称四立。"立，建始也"。春生夏长，秋收冬藏，立冬为冬季之始。入冬后，草木凋零，万物蛰伏，宜养闭藏之道。

前日山行，得一枝虬曲苍劲的野生紫荆，插瓶清供，聊作冬日蜗居喝茶的小景，饶有意趣。晚夕，寒气袭人，沐手焚香，白泥炉起炭煎水，煮饮老丛白牡丹里检出的茶梗。水煮三沸后出汤，茶汤艳若丹霞，入口萦绕着秋梨的润甜，无一丝的青涩气息。如济兄曾讲："用茶梗煮出的茶汤，滋味醇和，茶香平淡，茶心灵妙，最有益于茶德。"

确如马兄所言，茶叶中的香气物质，主要存在于茶梗和嫩叶的主脉中，并且香气从第一叶至第三叶逐渐下降，而以茶梗的香气最高。嫩梗中的氨基酸高于嫩叶，且所含物质大部分是水溶性的。因此，生态良好的茶梗，如果无端丢弃，委实可惜。瀹饮可能滋味偏淡，但冬季煮饮，却是甘之如饴。

九华茶会时，迎新告诉我，煮茶的榄炭灰，是养菖蒲很好的有机肥料，可土下施肥，也可混合于水中喷洒。此法甚妙，经过一番浇灌，书房里那盆一度萎黄的金钱菖蒲，在冬日里已是郁郁青青。半丝半缕，恒念物力维艰。惜物即是惜福，物尽其用，是"茶性俭"给我的最好开示。

香气缭绕间，紫荆的枝影，洒落在盛满茶汤的青花盏中，摇曳着茶汤的潋滟。茶室里竟生出"山花落尽、枯枝待春"的意象，有回味林徽因《静坐》诗句的妙绝。

"冬有冬的来意，
寒冷像花，——
花有花香，冬有回忆一把。

一条枯枝影，青烟色的瘦细，
在午后的窗前拖过一笔画；
寒里日光淡了，渐斜……
就是那样地
像待客人说话
我在静沉中默啜着茶。"

茶的甜，水的暖，驱散着初冬茶室里的寒。我斜靠在红酸枝的圈椅间，慵懒地翻着《浮生六记》，看沈三白品月评花，静室焚香。读芸娘对旧书画继简残编，弃余集赏。其闲中雅趣，闺阁情深，令人心骨皆醉。

冬来天寒地冷，人体阳气潜藏，气血趋向于里。冬季人体皮肤腠理致密，水湿不易从体表外泄，而成人的肾脏，每小时的排水能力，仅在800~1000ml。假设每小时饮水超过1000ml，不仅容易影响心脏和肾脏健康，而且容易导致低钠血症，因此，冬季饮茶不能过于寒凉，饮水量更不宜过多。茶品以陈化到位的普洱、红茶、焙火通透的乌龙茶为主。少饮茶，品好茶，喝淡茶，以减轻冬季里肾脏与膀胱的气化泄利负担。

冬季养藏，我已备足多函线装书养气，数款老茶养心，几筒沉香养性，一堆榄碳养炉。寒冬寒夜茶书伴，待到山花春烂漫。

小雪

清寒正是吃茶天
席中有茶真滋味
读经论茶中和美
蜡梅树下坐饮茶

清寒正是吃茶天

在初冬的茶室负暄，像喝透一泡老茶般舒畅熨帖。白居易《负冬日》诗云："负暄闭目坐，和气生肌肤。初似饮醇醪，又如蛰者苏。"轻寒正是可人天。我从茶柜里找出那片珍藏许久的88青饼，递给王禹兄拆茶瀹泡。我乐得清闲，清供一盘娇黄玲珑的佛手，享受着冬日里越来越少的暖阳。

佛手与香橼，都是冬日的香君子。适于清供的佛手，一要香雅，二要形美文气。李时珍《本草纲目》说：佛手"虽味短而香芬大胜，置笥中，则数日香不歇。寄至北方，人甚贵重。"桂花的香气是温暖的，佛手的果香是清泠的。如果说桂花的香，是深秋的味道，那么佛手的香，就属于初冬了。

保存良好的88青茶，条索粗壮油润，金毫弥漫其间，茶香透纸，菌花香浓。沸水冲泡，洗茶一道，茶烟袅袅处，四溢的梅子香浓，浮动绕梁。汤色入盏清澈，绯红娇艳，媲美樱桃；入口梅香菲微，鼻端习习；茶气刚猛，微苦略涩，汤厚滑软。口腔前部因涩收敛，后部生津如泉涌；十余泡汤色、香气不减，

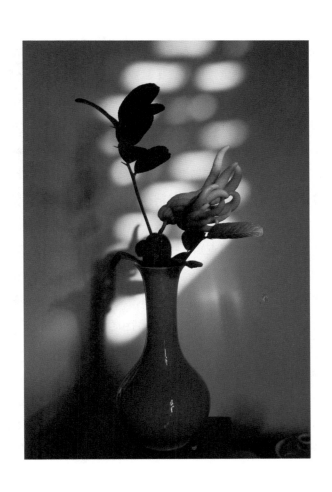

杯底果香浓郁持久。饮尽数盏,后背、前额已微微发汗,齿颊
的回甘绵绵不断。

以上的这段88青饼品感,曾发表于当年风起云涌的三醉斋论坛。
陈国义先生在论坛里读到后,不久,他作为88青茶最早、最关键
的当事人,发表了以下最具说服力的评语,原文录下:"回想起
当年收购此茶三十吨青饼,实在是不可思议。因为当年在香港还
未流行喝青普,大部分本地人还不知道'青普洱'是何物?时至
今天,此茶已不知不觉经历了二十载岁月,以滋味和茶韵而言,
山东的静清和君说:这茶可算是现今优质7542干仓茶的标杆,
此语也实不为过。究其原因,乃起于我当年:一、大胆全数收
下; 二、其后,余希望探索是否用干仓存放它,可保留其原始的
芳泽,又或许会否如广东新会陈皮一样,可以越陈越香醇呢 ?
结果这个不急于把货换钱的探索精神,换来了肯定的成果,成了
'优质干仓茶的标杆'。可谓上天不负有心人。它报以各位爱茶
人,让我们今天有幸可查知、并且品赏到经历二十载时光的那股
迷人魅力。今天, 余在三醉斋细阅静清和君,对原创干仓88青的
赞美之情,我心中充满了无限的安慰和喜悦,感激之情,唯有草
字感谢各位对这茶的爱戴,特别是静清和君的真情流露。"

88青饼,是香港茶人陈国义先生早期收购、运作的,它包括从
1989年至1991年之间,勐海茶厂出品的所有的7542生饼。从陈
先生的重要回复与回忆中,我们可以看到九十年代之前,香港人
对于普洱生茶并没有多少认识,更不可能大量饮用。早期港人

口中的普洱茶，是指发酵熟茶，或是他们自做的潮水发酵茶，也包括早期发酵较轻的"改造茶"（改造茶，详见《茶路无尽》、《茶与健康》）。在当时的国内，无论是晒青毛茶，还是紧压青饼、青沱，一概归入绿茶范畴。

88青饼，二十年的枯索静寂、苦情涩绪，二十载的蕊寒香冷、露浓花瘦，幻化为此刻的盛时灿烂，淡时沉静。这一壶煮了二十年的光阴，顷刻间可将倦怠的心境，悲情的人生，于茶淡香柔中尘埃落定。88青醇酽香浓，滋味丰富，层次跌宕，色泽蕴柔烂漫，茶气刚柔相济，最适慢饮浅酌。

席中有茶真滋味

熟悉安老师三年有余，常常研读她的随笔，关注她的茶席。前年的小雪节气，与安老师武夷茶聚，有缘交流聆听，感悟良多。

所谓茶席，不过是泡茶的方便法门。它是一个场地有限，却呈现无限茶意的清雅空间。其中各类茶器的布置，需要有空间的高低错落，动静咸宜。器具之间不是干枯的罗列展示，更不是刻意凑合，彼此有着生命的相生相惜，有着气韵流动的相互映照。

茶席的泡茶轨迹、分茶路线，要顺应人体工学原理，左右手分开，动作玲珑婉转，节奏和缓，在遵循方便简洁原则的基础上，体现出一席茶的人文关怀。泡茶的平面，横看成岭侧成峰，层面点线成风景。尽可能学会借景光影，如果一席茶上，多了疏风淡月、松荫竹影，茶席便具足了时空和节气的光阴美。

茶席上的插花、焚香，繁丽缟素，玄赏幽邃，只是茶主人的随喜所为、锦上添花。比如信手陈设的一段长满青苔的枯枝，一枝洋溢着诗意的花果，一方秦砖上青翠养眼的菖蒲等，看似寻常，其

中渗透的学识修为和审美情趣，是茶席流淌着诗情画意的茶外功夫，只宜静参慢悟，初学者不必模仿与苛求。

泡茶布席，随喜随兴，器具无需名贵，但须素雅，最好啊！茶席上的器具要有幽光和包浆。一席茶的素养与温润，由此铺陈开来。我们所做的一切准备，都是为所品之茶登场拉开的帷幕，一切都是为了去精准地表达茶与茶汤。当然，还有更重要的，就是那颗于茶、于事、与物的平常心。茶席上泡茶时的状态，应该就是自己平时散淡的样子。所以说，喝茶是一种修行，而修行的功夫，尽在行住坐卧的寻常生活之中。至于幽坐吟咏，赏鉴清供，可添茶席韵致，随心适意便可。只要把心灵安住在这一席茶中，随心地喜悦着，把茶汤的香气、滋味、气韵，无私愉悦地分享给席上的诸位，就是一方人茶合一的好席。

在武夷山，安老师曾说过："去任何地方，不说做出贡献。但要如同不曾来过，走过别留痕迹。"无论走到哪里，不要污染环境，尽量抹去自己的碳痕迹，像雁度寒潭，雁去而潭不留影。学会敬天惜物，少污染，不浪费，这应成为一个茶人的本分与基本修养。我清晰记得合肥的婉儿，在九华茶会后，写下了这样一段感人肺腑的话语："众人散去后的大殿廊下，最后映画在心间的是一直辛苦司水的茶人，弯下腰身用手清理下水渠中茶叶残渣的安静身影。"

曹禺晚年曾问赵朴初："你喝茶，可有禅意？"赵朴老却说："但以喜心饮茶，就有禅意。"茶如此，茶席也应如是。

读经论茶中和美

寒冬暮冷，有茶喝便温暖如春。我习惯坐在柔软的蒲团上，读《红楼楼》，览经书。也常常，笔端蕴秀临霜写，闲来涂鸦。口齿噙香对月吟，静坐瀹茶。

子曰："三人行，必有我师焉。择其善者而从之，其不善者而改之。"但读孔子的《易经·系辞》却是："三人行，则损一人，一人行，则得其友。言致一也。"《论语》是孔门弟子编辑的，是否有意粉饰过而偏离了孔子的原意，也未可知。《易经·系辞》所记的，我相信会更接近孔子的原话。

三人行，则损一人。三茶并，必分高低。这是当下很多人的真实心态。其实，健康、绿色、能入口的茶，不必刻意去计较其高下优劣。是非分别，即是执着。人太执着，便会心盲无明、烦恼顿生。随意任情，唯心所适，适合自己的高性价比的生态茶，才是日常所需的好茶。喝茶的基本要义，本为身心愉悦，何必蜗牛角上比输赢呢？莫说是茶，人生也不过是隙中驹、石中火、梦中身，虚名浮利，精于算计，又有什么意义？

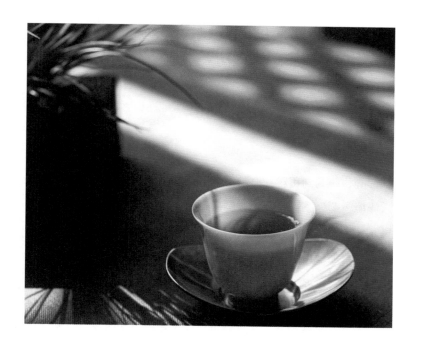

君子和而不同，小人同而不和。如同我去年特制的三款普洱生茶，分别为"禅静"、"清蘅"、"和雅"。每一款茶，个性鲜明，独具特色，气息滋味相互弥补，共同形成品茶的三个层次，或喻为人生的三个阶段。

"禅静"，精选冰岛大树茶，入口微苦，回甘悠长。苦入心经，泻心火，宁心神，让人涤除玄鉴，心斋坐忘。中澹闲洁，韵高致静。静为茶性，"欲达茶道通玄境，除却静字无妙法。"心，安静下来，方可忙里偷闲，苦中作乐。利用眼耳鼻舌身意，去感受茶的色香味形韵，去仔细享受一杯茶的真滋法味。

"清蘅"，遴拣易武大树茶，气清香幽，水厚汤滑。静心细品，香远益清。回甘生津，蘅芷清芬。

"和雅"，甄选上等的陈年熟料，干茶纯净，香气淡雅，茶汤顺滑，色若血珀，醇厚宜人。

从禅静、清蘅到和雅，心静意清的悠然品茗，方能如食甘蔗，渐入佳境。静为茶性，清为茶韵，和乃茶魂。茶能祛襟涤滞，致清导和。淡泊生涯，有茶一杯，无论禅静之茗，是如何的蘅芷清芬？也只能让懂它的人归于清寂平淡。这种饱含生活沉淀的那份和雅，是既看透了生活真相，又热爱生活的那种超然。

香茶妙墨，颜色相左，各具特点。环肥燕瘦，钗黛之美，各领风骚。然而，宝钗和黛玉若是合二为一，虽然中和兼美，却似乎缺少了点动人的鲜明个性。茶亦如此，一款好茶不可能包罗万象，可爱的缺陷，往往也是一种不能忽略的美。

蜡梅树下坐饮茶

我到达安吉时，茶山上飘了一层薄薄的白雪。茶树玉色娇白的叶梢上有白雪映衬，叶色愈见冰清玉洁、仙骨佛心。小雪时节的安吉白茶，又在苦寒中酝酿春天的心事了。

行色匆匆的两天后，我告别一滴水茶馆，乘车去苏州的古镇同里，赴一场美丽的茶约。我住在古色古香的恩泽堂，却被隔壁承恩堂满院清冽的蜡梅香吸引过去。承恩堂是一个清丽古朴的百年老宅，不用主人介绍，单是院内半搂粗的玉兰树，碗口粗的一树盛开的蜡梅花，已娓娓道出老宅的悠久历史了。

这株被高大的玉兰树掩映着的蜡梅花，开得素净纷繁。花开蜡黄，星星点点，簇拥在绿中微黄的枝叶间，清芳幽冽袭人。它的香沾染着时令的冷韵，不同于中秋暖暖甜甜的桂花香气。宋人董嗣杲有咏蜡梅诗："磬中种厅英可嚼，檀心香烈蒂初容。"讲的就是这树磬口梅的沁香可嚼。

江南的冬天，室内阴冷异常，我和亚伟兄蜡梅树下坐定，一壶

"红袖添香"，喝得身心暖暖。细碎的阳光，透过腊梅的枝叶花朵，漏影到茶席上，透视出江南特有的光阴美。茶汤温润金黄，清甜暖人。不能辜负了这树花蜜香浓的磬口蜡梅，我起身摘了两朵如黄蜡剔透的花蕾，丢进即将出汤的盖碗内，但见花瓣遇热即放，蕾破黄金分外香 。造物无穷巧，寒芳品更殊。再品茶汤里的温婉，陡然多了清冽的寒香。

"红袖添香"用江南古井的水冲泡，虽然初相见，但是，茶汤却细腻柔滑了许多。遇到芬芳清冽的蜡梅，香气变得更加蕴藉清婉。江南的水软，把人养得吴侬软语，把茶泡得冷艳清香。蜡梅树下暗香浮动的一席茶，让我想起了丰子恺一幅漫画的题诗，"小桌呼朋三面坐"，是该"留将一面与梅花"了。这是我极喜欢的诗境和茶境。

其实，蜡梅仅具梅花品格，它并不属于梅花。借蜡梅之香，风雅
一下无妨，千万不可把花与茶长期浸泡同饮。蜡梅香气无毒，但
其花有小毒，久饮易损肝肾，不可不慎。

品"红袖添香"，还有一次更为绮丽的茶聚。那是不久前寒露的
一个下午，雪白的茗花开满大唐贡茶院，茶席上竹影婆娑，如水
墨洇洇。我用庆余堂的纯银盖碗，瀹泡"红袖添香"，与对面的
双且、老崔茶叙幽怀。旁边的如济兄，箫吟着《牡丹亭》里的
《惊梦》一折，低回悠远。一曲吹完，如济兄笑着说："在大唐
贡茶院，竹林茗花间，用金沙泉水，瀹泡红袖添香，又听着《牡
丹亭》，如花美眷，似水流年，这一席茶真叫香艳。"

如果蜡梅树下的这席茶冷艳，那么由《牡丹亭》相伴的那席茶，
一定是香艳无双了。

夜深风冷，我收拾起腊梅树下的茶器，寄宿在恩泽堂的客栈里。
清寒寂寥的冬夜，看梅影横窗，听风摇翠竹，暗香撩人，久久不
能睡下。

大雪

慢火焙得圣妙香
大雪养藏莫饮凉
夜扫寒英煮绿尘
佳茗微吟齿颊香

慢火焙得圣妙香

红心铁观音原产于安溪县西坪的尧阳一带，是乌龙茶家族里最优秀珍贵的名丛之一，其产量仅占闽南乌龙的30％。纯正的铁观音，又叫原始红心铁观音，红芽皱面歪尾桃，是其重要特征。传统做法的铁观音，青蒂绿腹蜻蜓头，美如观音重似铁。其汤色金黄明亮，滋味清甜醇和，香气馥郁持久，具有特殊的观音韵和幽雅的兰花香。饮后齿颊留香，生津回甘。细究铁观音，叶张呈椭圆状，如桃子形，这种特殊叶张的长宽比例，最适于乌龙茶的做青走水。

市场所见的铁观音，有相当一部分为现代工艺的清香型。清香型铁观音游走在乌龙茶偏绿茶化的边缘，这类茶，香气鲜爽，略带青味，质量差的有酸馊气息。清香型茶的工艺，借助了空调和抽湿机的配合，特别是在摇青阶段，把茶青凋萎和静置的时间有意拖长。尤其是其中的拖酸茶，在冲泡时有开盖夺香的特点，比较吸引刚接触茶的朋友。清香型铁观音轻摇青、轻发酵、干燥度低，故寒气重，刺激性强，久饮易伤肠胃。由于清香型铁观音的走水不太彻底，含水率较高，故干茶在常温下容易变质或变色，

传统炭焙铁观音

因此，这类茶需要低温冷存。

一款传统纯正的炭焙铁观音，若求水好，宜选春茶；若求香高，宜选寒露时节的正秋茶。其采摘时间，以下午的3～5点为佳。制作工艺包括晒青、凉青、做青、炒青、揉捻、焙火等。其中的摇青与凉青，需反复进行3～5次，历时8～10小时完成。干茶外观黑褐油润，呈熟果香并略带糖香，汤色橙黄清透，兰香淡雅，回甘尤佳。其含水率低，常温保存，无须冷冻。查阅一下铁观音的制作历史，大约是在1956年，安溪开始试制推广手动摇青机和木制手推揉捻机。1964年以后，茶的初制机械化逐步实现。据此可以推测，在安溪茶区没有电力与包揉机器的过去，铁观音的外形不可能呈紧结的球状，而是类似其他乌龙茶类常见的半条索状。去年，我和冀川兄在晚香茶舍，李曙韵老师亲自瀹泡的那款1949年的老观音，其外形就是半条索状的。该茶的色泽已大部分红变，除微弱的兰花香有迹可循之外，其汤色、滋味，与陈年的老普洱茶比较，已无多大分别。可见，任何茶类到了垂垂暮年，殊途同归，并无太多差别。

为做出自己满意的炭焙铁观音，去年的一个冬夜，我只身来到安溪，精选18斤传统的正秋毛茶，拣梗去碎，开始焙火。在焙窟中点燃龙眼炭，用灰覆火，以灰的厚薄来控制火温。焙茶时，覆灰的选择非常重要，事关成茶的品质高低。覆灰既要细腻，又不能有任何味道。焙火时，焙篓距灰一尺左右，置茶于焙篓中慢慢烘烤，从内到外把茶炖透而不伤其香。有经验的老人常讲：茶为君，火为臣。焙茶要沉得住气，用火不能太高，始能焙出好茶，且焙出的茶火气易退，而无焦躁邪气。这就是古人常说的"温温然，所以养色香味也"。

若论焙茶，宋徽宗才是顶尖高手，他在《大观茶论》警告说："或曰，焙火如人体温，但能燥茶皮肤而已，内之湿润未尽，则复蒸喝矣。"如果焙火温度太低，茶会处于内湿外干的窘境，不但无法把茶焙透，而且会把茶焙坏的。

在焙火的过程中，要随时用脸部去感受火温的变化。功夫不负有心人，花费八个多小时焙出的茶，乌褐油润，炭香微微。7g瀹泡，汤色金黄油亮，入口温润，汤感较未焙前厚滑许多，兰花香中多了乳香与熟果香。杯底温嗅，兰花香浓；冷嗅，花果香萦绕，久久不散。汤里融香，香中含韵。茶刚刚焙成，火气未退，须待以时光。好茶，如一块和田籽玉，需切之磋之、琢之磨之，让时间去润色完善它。焙火恰当的铁观音，香气清纯，苦涩降低，甘甜益增。冉冉其香，厚泽如春，指日可期。

大雪养藏莫饮凉

大雪节令，泉城未落下半片雪花，竟下起了茫茫的细雨。

一大早，郑兄约我一起喝茶。放下电话，我提早准备好红泥炭炉，起炭煎水。茶席上缺少大雪节气的供花，我便走进邻近的花园，雨中寻梅，可惜蜡梅未发。雨雾霏霏中，我到塘边采撷几茎干枯的荷叶，拣拾一只破败的莲蓬，快步回到茶室，用龙泉月白梅瓶供养，颇似八大荒寒冷寂的残荷写意。

竹炉汤沸火初红，茶烟袅袅中，郑兄嘘着寒气进门，带来十克已拆好的老熟普分享。我用朱泥壶瀹泡，洗茶一道，留存浇花，二至四水，茶汤稍薄，厚滑不足，汤里有微微的糯米香气。

品过后，我经验主义地认为，此茶陈期不过十五年。郑兄知道这款茶的底细，笑言再喝试试。五水后，我更换老银壶煎水，提高泡茶的水温，茶质陡然一变，色若血珀，汤厚水滑；沉静的药香，在汤中隐现；陈茶特有的米汤感，入口即化。再饮，体感明显，胃肠暖热，腹背汗感。

茶味初见

此刻的我，面露惭色，立刻修正了自己的观点，此茶陈期应在三十年左右。判断一款茶，不喝至尾水，不细看叶底，轻易所下的结论都不会客观。

好茶，虽能解渴涤烦，但在来日方长里，品的是一个洗尽铅华、人茶俱老的理，因此，茶的滋味与厚度，需要在一段静好的光阴里，慢慢酝酿沉凝，积淀暗香。

光阴须得茶消磨，因茶更把光阴惜。茶如人生，但凡一个人过了天命之年，都会趋于温和、含蓄、淡泊、耐品。

好的普洱熟茶，需要岁月的洗礼与雕琢，在岁月倏忽的光影里，熟茶的前世来生，依稀有些规律可以判断：晒青毛茶经渥堆发酵后，三年以内的熟茶，茶汤里一般会残留点渥堆味道，茶汤稍显浑浊，口感略有燥气；茶青粗老的，会呈现浓郁的焦糖气息，也就是老人们常说的"勐海味"。茶青等级较高的，如工艺精到，会出现淡淡低沉的花香、荷香。

陈期三年至八年的熟茶，燥气消尽，茶汤润滑醇厚，有清甜糯糯的米汤感，汤色深红透亮；早期的基础香气里，日渐浓郁的转化出熟米饭的诱人香气，让我们能喝出烟火气息里的亲切感，那味道，是归乡游子又吃到妈妈新煮米饭的温馨。

十年以上的熟茶，糯米香里多了陈韵、木香。茶汤甫一入口，便

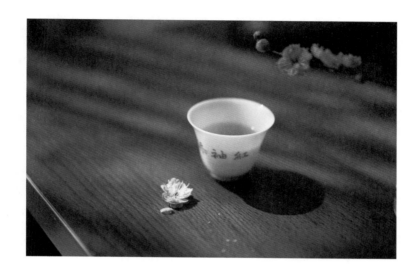

有置身江南深深庭院的陈香、沉静；汤色转为深邃迷人的宝石红或者酒红；茶气充盈，汤感甜细软滑。其后，与岁月红颜俱老，渐入陈韵、药香、化感的妙境。

大雪雪盛，进入了隆冬时节，要注意保暖祛寒，养阴护阳。茶能淡利渗湿，适量饮茶，不仅无寒之虞，而且有助于缓解冬季厚味进补之害。

夜扫寒英煮绿尘

读元代谢可宗的"夜扫寒英煮绿尘",口齿里噙了茶意的清凉。把雪能称作"寒英",把茶可唤为"绿尘",佩服极了古人遣词造句的妙美。

提到融雪煎茶,论风致,莫过于栊翠庵的妙玉了。她收的是蟠香寺梅花上的雪水,在鬼脸青的花瓮里盛着。以梅花香雪烹茶,并非始于《红楼梦》中的妙玉。宋代《绿窗新话》引《湘江近事》云:"陶毂学士,尝买得党太尉家故妓。过定陶,取雪水烹团茶,谓妓曰:'党太尉家应不识此?'妓曰:'彼粗人也,安有此景,但能销金暖帐下,浅斟低唱,饮羊羔美酒耳。'毂愧其言。"陶毂何以惭愧?盖因风雅二字沾不得自夸,一旦沾沾自喜,则风雅顿失。俗与雅的云泥之别,不在乎你做了什么?它取决于一个"真"字及内心是否刻意。东坡说"无意于佳乃佳",真是一语中的。

最精于雪夜饮茶的,应首推乾隆皇帝。他以雪水沃梅花、佛手、松实啜之,名曰三清茶,并命两江陶工制作专用茶瓯,并书咏其

绿萼梅

上，每于雪夜烹茶用之。窗外落雪沙沙，衬出雪夜的清寂。我悄悄走下楼，取松枝上新落的雪花，融化沉淀后，泥炉煎水，用水晶杯上投冲泡今春的碧螺春茶。西山的碧螺春，白毫隐翠，卷曲如螺。遇新烹的雪水一润，叶芽翠绿，春染杯底。入口细啜，茶汤柔软，鲜爽生津，近枇杷的花果香弥漫齿颊，回味中似有松针的散淡芳香。扫将新雪及时烹，然冬夜的"绿尘"偏寒，不宜多饮。但是，在雪夜里体验一下古人吃茶的风雅，确实心有所得，茶的文化需要不断地体悟与践行。

夜深知雪重，时闻折竹声。第二天的雪仍在下，最爱洒窗风雪夜，静似春天雨后山。我最向往的是，在古老的棂花木窗上，糊一层月白色的土纸，横斜一枝半开欲放的梅花，品茶澡雪，涤心养神。

空堂夜语清。此刻，泥炉汤沸，炭火初红。我在银叶上再熏一片红土沉香，香烟氤氲中，用中午收的雪水，泡一壶陈年的铁观音。窗外银装素裹，寒气彻骨；陋室温暖如春，清芬袭人。焚香瀹茗，澄心静坐，不觉尘心顿洗，明如雪夜潭心月。观汤色，艳红明亮；闻盖香，兰香飘荡。啜茗七水，香色撩人。雪水煎茶，清洁甘美，果如妙玉所言，轻醇无比，甘芳异常，喉吻中浮荡着丝丝不易察觉的清凉。

郑板桥写过："寒窗里，烹雪煮茶，一碗读书灯"，古人在如豆的青灯下，执卷苦读，茶是温柔的陪伴，也是雪夜里的知己红颜。茶作为一种饮品，根植附丽于厚重的传统文化，被岁月的炉火煮得源远流长，风情万种。我辈吃茶，不应只耽于茶的秀色真味，还应多去咀嚼、回味茶汤写就的文化，那是身心真正的滋养。茶是水写的文化，文化润泽着茶的脉络。茶之无文，行之不远。

佳茗微吟齿颊香

今冬泉城多雪，雾霾有常。后天就是冬至了，楼下的蜡梅还未见着花。不知是蕴秀蓄香，等待春来，还是生性高洁，规避尘埃？茶室里无梅清供，恰好风信子花开如伞，绯红香浓，严冬里有了些春的意思。

姜兄来吃茶，共品1998年的凤凰单丛，盏中泛金，露滑香浓，柚花香里多了陈年味道。流光逝川，岁月风尘，遮不住好茶的清气盈盈。无论是普洱茶、乌龙茶、正山小种等，耐得住岁月砥砺沉淀的，必定是茶质良好，滋味厚重、茶气强烈、富含香气的佳茗。而一款根红苗正、传承有序、存储良好、来源清楚的老茶，大都入口甘润，汤色油亮，厚滑耐泡，无霉变的杂异味道。若细辨香气，仍能品出前尘往事里隐隐的品种香。一款真正的老茶饮罢，不会令人饥饿，腹部温暖且有独特的饱胀感，有些喉吻会出现类似薄荷的清凉舒适感觉。有次黄昏茶聚，玉晶、大禹本已饥肠辘辘，一泡十年陈的慧苑水仙喝透，众人皆信老茶温和止饿，不是妄言。老茶确有温暖胃肠、调理肠胃之功。

博学多思的姜兄突然问起，仅凭口感，你能分辨出好茶劣茶吗？

我没有这个把握，只能随声应和说："有诸内必形之于外。孔子有'八不食'，已反映出圣人洞烛机先、见微知著的敏锐。"大凡美物芳茗，都是五味调和，不偏不倚，不苦不涩，冲淡守中的。一款茶，若是"细啜襟灵爽，微吟齿颊香"，而且愉悦顺口，此茶一定符合陆羽《茶经》"上者生烂石，阳崖阴林"的生态标准。好茶色、香、味、形、韵形成的物质基础，来源于生态环境的和合优美。茶园小环境内的独特气候条件，造就了茶中的茶多酚、咖啡碱、茶氨酸、糖类等呈味物质的协调平衡。茶汤滋味的寡淡、偏苦偏涩，汤色的混浊与不通透，回甘生津的不显著，同样能反映出茶树生长的土壤、植被、光照、温度、湿度、海拔高度的差异性。在某种程度上，也反映着化肥、农药、催芽剂、植物激素等滥用的污染程度。但是，有些江湖人故作深沉，凭一口茶汤就能喝出农残，那基本属于胡扯瞎蒙。因此，从某种意义上讲，喝茶品味的就是生态。茶树生态的优劣，直接决定着茶的品质与是否健康可口。生态绝佳的茶，气息纯净，入口清甜，甚至会带点不易察觉的果酸。佳茗的灵性，在乎易于染着，由此一瓯茶里，能够观照出一方的生态。

孔子说："质胜文则野，文胜质则史。文质彬彬，然后君子。"从来佳茗似佳人，然而好茶也有君子之风。似佳茗的佳人，一定是锦心绣口，气质优雅。而一款好茶，也必定是佳人似佳茗，温婉可人，腹有诗书气自华。茶青的山野清韵，是君子的"质"；成茶的草木花香，是君子的"文"。文与质相得益彰，香而不腻，含蓄内敛，才称得上是温文尔雅的君子茶。

冬至茶寻唐宋韵

品茗无味为至味

坭兴宜兴同问陶

杯里璀璨盏妖娆

冬至茶寻唐宋韵

冬至一阳始生，说的是从冬至开始，天地之间的阳气开始生发，逐渐增长，这意味着自然界开始在严冬里酝酿春事。等春意浓得不可抑止，绵绵地冒出地面，春天就来临了。

冬至后，宜静养刚刚萌生的微弱阳气，不要从事剧烈运动，微汗即可。《黄帝内经》云："冬不藏精，春必病温。"冬天里，如果养藏不好自己的精气神，等春天来了，身体生发缺乏必要的物质基础，人自然就会生病。

每逢冬至，没有要事，我很少出门。今年的冬至也是如此，家人忙着包饺子，我在书房里闲翻着书。新做的仿宣德蚰耳铜香炉内，燃烧着橄榄炭，学王世襄先生，把铜炉养出古朴的秋梨皮色。

读陆羽《茶经》的茶之煮，正好可以照猫画虎，体味一下唐宋煎茶的意趣。养炉的炭火微微，可用来炙烤去年寻得的紫笋小茶饼。待茶饼微黄，满室生香，便在研钵内把茶磨成茶粉备用。

小白泥炉上的炭火方炽，银壶内盛满泉水，我掀盖看下，蟹眼已过鱼眼生，这是一沸。调少许细盐入水，再看，壶内缘的水泡如涌泉连珠，近二沸，出汤半碗止沸时用。静听，水有微涛，水近三沸，用竹夹在水中心轻搅，顺势投入炙烤研细过的茶末，待腾波鼓浪时，立即倒入半碗温水，止沸育华。侯汤，待稍沸，便可以出汤分茶了。

青瓷瓯里，"煎茶水里花千片"，"白花浮光凝碗面"。我双手捧瓯轻啜，滋味厚重，稍微苦涩，待一碗饮尽，回甘迅猛，微发轻汗。炙烤过的隔年茶饼不寒，又是炭火煎水，并添少许盐巴，咸入肾经，易入血分，以身仿效唐人煎茶，如卢仝诗中的描述："四碗发轻汗，尽向毛孔散。"

卢仝的七碗茶诗，与诗僧皎然的"三饮便得道"，把中国唐代的煎茶，从满足口腹之欲的物质生活，跃然提升到怡情得道的精神层面。据记载，在河南沁园的桃花泉边，卢仝与韩愈、贾岛等人，品完好友孟简寄来的茶叶后，便文思泉涌，写下了比肩陆羽的光辉诗篇。诗中的"七碗吃不得"，与陆羽提出的"茶性俭，不宜广，则其味黯淡"，有异曲同工之妙。"七碗吃不得"，包含了很深刻的养生思想，既是劝世人像饮茶一样，凡事要有所节制，又是说茶淡后应少饮为佳，以减轻肾和膀胱的泄利负担，免得寒伤肾阳，尤其是在汗处较少的冬季。

茶的饮用方式，随着茶与茶器的发展不停地变化着。唐以前茶的

唐代的茶碾

研茶的茶臼

应用，尚处于粗放的煮饮、羹饮时代，陆羽认为那是"斯沟渠间弃水耳"。待《茶经》问世后，他首次以文字的方式，把中国古老的生活茶精简上升为茶的清饮。晚唐后的煎茶，已不再向水中加入精盐，以调和汤味。此后的饮茶，才算彻底进入了茶的清饮时代。尽管宋代的点茶技艺，更趋于精妙和极致，但我更认同苏轼的评价："银瓶泻汤夸第二，未识古人煎水意。"宋人过于强调和注重汤花水脉的视觉之美，却忽视了唐人煎水的趣味，以及对于水纹、火候的精妙把握。

茶有润物之美，朴素的瓯盏里，茶香淡淡，隐约存留着唐风宋韵的精致。仿照唐人煎茶，虽然于今没有多少意义，但是，在复原唐宋的优雅茶生活里，可以触摸到已有断层之虞的中国茶道精义。

茶味初见

品茗无味为至味

一阳初起处，万物未生时。冬至后的气温逐渐下降，无论是雨夜、雪夜、风霜夜，我常与好友们围炉夜话，煮一壶老茶，品光阴里的冷暖。

老茶色泽枯槁，或泛白霜，像极了耄耋之年的老人，如百年宋聘、陈云号等。其干茶与茶汤里，已感知不到茶的青春气息。原本外在的浮香，已内敛凝聚于汤，臻于化境。茶汤的苦涩滋味，已然消尽，像古玉璧上的谷钉纹饰，虽事雕琢，却不着痕迹棱角。入口暖暖软软，温柔无骨。沉郁的茶气，深藏于茶汤的果味沉香之中，让人有如沐春风的温煦感觉。老茶在沧桑历尽之后，已是脱尽外在色相的看似无味，无味中又蕴含着新茶遥不可及的厚滑温润，以及充盈的茶气、温暖的体感。

品茗的无味为至味，是清代康熙年间陆次云首先提出的。他说："龙井茶真者，甘香如兰，幽而不冽，啜之淡然，看似无味，而饮后感太和之气弥漫齿颊之间，此无味之味，乃至味也。"陆次云品饮龙井的无味，大概是指西湖龙井的甘香不冽，韵致清远。

他是与冒襄等文人推崇的稍具金石之气的岕茶比较，还是与清冽甘芳的野生紫笋并论？在史料证据不充分之前，我不敢贸然定论。当下的西湖龙井，鱼龙混杂，很多人追逐的早熟品种，杀青温度又低，外观的确翠绿漂亮，但青涩味重，气息不纯，也不耐泡，因此，以无味为至味的西湖龙井，已是可遇不可求了。近年来，当老茶的品饮价值被充分发掘之后，"无味"与"至味"的感觉，在真正传承有序的老茶上，得到了淋漓尽致的发挥和表现。

品茶中的无味为至味，更多是在表达一种哲学上的审美和意境。首先，老子的《道德经》说："常无欲以观其妙；五味令人口爽；道之出口，淡乎其无；为无为，事无事，味无味；恬淡为上。"其中的无味，是有无相生。这种无味是其中有物，是摆脱了感官利害和具体斑驳的味道，是一种精神境界上的含不尽之意、见于言外。

其二，无味之味，即是淡味。无味处为真味，所谓真味，就是物质的自然味道与基本气韵，它是其他味道的基础。夫五味主淡，淡则味真。庄子有云："朴素而天下莫能与之争美，淡然无极而众美从之。"无味之味，蜕去了生理感官色彩，成为一个纯粹的美学概念。孔子云："质有余也，不受饰也。" 极饰反素也。有色上升到无色，有味升华为无味，从而使本色朴素的美成为至美，自然不受修饰的无味成为至味。

其三，无味是茶的真味与正味，不苦不涩、不张不抑，五味调和。味之品，是品茶的一个具体过程。味之境，才是品茶的终极目的。无论精茶粗茶，不必过分注重滋味的分别，粗茶中品出恬淡，平凡中品出闲适，困境中品出安宁，无味中品出有感于心的至味，才是茶的大道通途。道未必人人可得，至味却人人可享。

坭兴宜兴同问陶

我国的二十四节气，起源于黄河中下游的中原地区，它的形成与农业文明息息相关。而陶器的产生，也是伴随着农业的发展而出现的。说起陶，陶与人及茶的关系最原始最亲近。原始人类在燧人氏钻木取火之后，烧土为陶，用原始的陶器，煮沸最早的茶汤。那时最早的茶叶形态，或许就是没有经过杀青、揉捻过的原始白茶。

与茶渊源深厚的名陶，主要包括广西钦州的坭兴陶、宜兴的紫砂陶、云南的建水陶、四川的容昌陶、广东潮州的红陶等，而尤以宜兴的夹砂紫陶最为成熟和完美。在每年的茶季结束后，我会去广西、江苏、广东、江西、云南境内访瓷问陶，探讨不同陶土、釉水对品茶用水的影响；不同茶器对茶汤滋味、香气的改变等等。

广西的坭兴陶，与云南的建水紫陶近似，它取泥于钦江两岸的天然细土，以西岸的硬土做骨，以东岸的软土为肉，相互配伍，骨肉停匀，经淘洗、选练、拉坯成型、雕刻、烧制、打磨等工序始成。其中，坯胎在烧制过程中，入窑一色，出窑多彩。在烧成的茶器表面上，会通过自然的氧化、还原，生成古铜、紫红、金黄、墨绿等若隐若现的窑变色彩。坭兴陶犹如璞玉，胎质细腻，不吸附影响茶的香气。又因矿质元素丰富，对茶汤的软化与滋味的苦涩度有一定的改善。但是，对普洱生茶的苦涩度改善最为明显的，还数云南的建水紫陶。一方水土养一方人，建水陶益于普洱茶，坭兴陶利于六堡茶，惺惺相惜，犹如虎跑之于龙井、碧螺春与无碍泉的关系，茶性必发于水，滋味有赖于器。

自明朝正德年间，供春在金沙寺模仿银杏的树瘿，做出了第一把紫砂树瘿壶后，宜兴紫砂便开枝散叶，名家流派辈出。文人的隐逸情怀与审美，在茶与紫砂的相互揣摩中产生了融合共鸣，此后的紫砂，便载入了文人四雅。

紫砂壶作为司空见惯的陶器大类，实用性应居第一。若能兼顾把玩、鉴赏、收藏的，实属难遇、难得之品。在当下，没有多少把壶，能禁得住岁月的大浪淘沙。一把缺乏深厚学养与原创性，仅用金钱和炒作托起的紫砂壶，是经不起历史的考验的。习茶之人择壶，只要砂料纯正、烧结温度恰当、貌端合手、出水流畅，已足矣！紫砂壶，泡茶器也，它毕竟是拿来用的。盲目的追求名家壶，最终可能是竹篮子打水一场空。在这个重技法、轻人格的时代，怎会酝酿出脱离匠气的经典作品？

紫砂原料已经混乱不堪了，更遑论市场上的紫砂壶？紫砂又称五

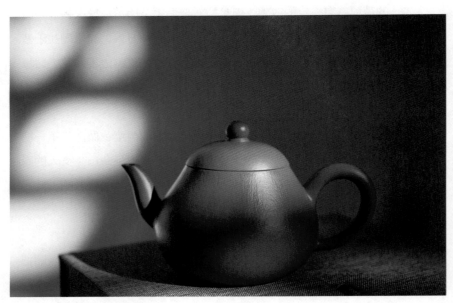

独家设计的梨形原矿朱泥壶

色土，华建民先生建议按照紫砂原矿的天然颜色去分类，我认为是直观与科学的。他把紫砂泥料大致分为朱砂、紫砂、黄砂、绿砂、团砂（段砂）五种，简洁明了，一望而知。当下的紫砂市场，与普洱茶的操作手法近似，山头分得越细，市场就会越混乱；市场愈是混乱，砂料就会名色越来越多。许多做壶艺人所用的砂料，都是根据烧结的试片小样，从市场上批发来的成捆的商品泥，至于在其中添加了哪些金属调色，也许只有砂料供应商自己清楚。另外，在紫砂壶的烧结过程中，窑内的温度及其氧化、还原气氛，也能直接影响着紫砂壶表面的呈色。不同的泥料，可以烧出同一个颜色；相同的泥料，也可以烧成不同的颜色与肌理效果。故《周易·系辞》说："天下同归而殊途，一致而百虑。"

如果单从宜兴陶、建水陶、坭兴陶的原始矿料分析，其化学成分基本相近，尤其是SiO_2和Fe_2O_3的含量。但为什么宜兴紫砂的成型是拍打或镶接，而建水紫陶、坭兴陶、潮州陶的工艺，是手拉坯或泥浆灌注模具成型呢？个人以为，首先是经过反复淘洗沉淀后的成品泥的含沙量的区别，其次是原料颗粒目数的巨大差异。例如：建水陶平均为200目，宜兴紫砂在60目左右。不同的含沙量及其细腻度，决定了该陶是砂性重抑或是泥性重？砂性重的，只能拍打或镶接成型；泥性重的，唯有手拉坯或泥浆灌注模具成型。

对茶的香气与滋味影响较大的，是陶器的吸水率和气孔率。烧结温度越低，其吸水率和气孔率越高，意味着其质地结构越疏松，不适合泡茶之用。反之亦然。因此，刻意强调紫砂的气孔结构与陶器的透气性，是没有任何意义的。只要是陶器，都会透气的。气孔率高，意味着其结构的疏松，如此会吸附茶的香气，影响茶的正常滋味的准确表达。

人的精力和阅历，总是有限的。术业有专攻。不要试图想把任何东西都搞得清清楚楚。作为一个习茶人，对砂料的分类，不必研之过细过深，要善于把复杂的问题简单化，否则，容易陷入道高一尺、魔高一丈的误区。紫砂本来以"砂"为本，如同普洱茶的山头大树一样，一旦过度细分，就会被利益驱动搞得极为复杂与茫然不知所措。不畏浮云遮望眼。其实，在云南的每个茶区，都有值得品饮与存储的上佳之茶。

在小兵兄的引荐下，在丁山见到立烽，他乡遇老乡，是一个惊喜。我尤喜立烽的壶刻与茶画，欣悦利烽茶画中的那种疏朗清劲，总感觉其中有物。几笔寥寥，构图疏淡。冷花枯叶，情感炽然。简洁笔意中的茶韵茶境，意味深长，令人神往。

杯里璀璨盏妖娆

在品茗的闻香知味、会韵悟道中，茶器之美，尤不可缺。一杯一盏，可洞见主人的底蕴修为与审美情趣。台湾建筑大师汉宝德说："美，从茶杯开始。" 一语道尽大美之道，美往往隐逸于平常器物的不经意间，是一种穿越时空与意识形态的文化力量。

茶杯虽小，却是一席茶中不可忽视的主角。茶杯的釉色、釉水的配比、胎体的厚薄、烧结的温度、器型的高低、口沿的敞敛，实实在在地影响着一杯茶香气的聚散、茶汤的滋味。一个好的茶杯，执手在握，轻盈温润。杯口与唇齿相依，饮尽茶汤的一刻，有爱人柔情似水的熨帖，顷刻便生出"执子之手，与子偕老"的情愫与执着。

近年来，我对各色茶杯，凡入目动念者，兼收并蓄，小有所积。其釉色红的祥瑞，青的淡雅，黄的贵气，白的圣洁，但当把玩到最后，却独钟爱黑釉的沉稳深邃，抚之触之，发人幽思。与铁黑结晶釉系中油滴盏的缘分，结于九十年代。那时年轻，对油滴盏没有概念，只是感觉其中有象且很耐玩，便低价收藏了许多。

后来，我通过走访和查阅资料才知道，这批油滴盏当时是由侯相会大师负责设计，根据出口日本的订单要求烧造的。当淘来的柴烧油滴盏，快要分享完毕，我才明白这批油滴盏的名贵难遇。油滴盏与兔毫、黑定盏、鹧鸪斑、玳瑁盏一样，发端于宋代，极盛于南宋，到了清代工艺基本失传。其着色剂主要是铁的氧化物，其中三氧化二铁的含量占5.34%，二氧化硅与三氧化二铁的比值，要比其他黑釉瓷高出许多。

在烧制过程中，铁氧化物聚集，冷却时形成饱和状态，并以赤铁矿和磁铁矿的形式析出晶体，形成闪着金属光泽的油滴状圆点。油滴的形成，对于烧制火候和釉层的薄厚，有着极为苛刻的要求，故烧造成型极难。民国时期，烧窑出身的侯相会，参照出土的油滴瓷片，历尽艰辛，成功复原烧造了华北油滴盏，却被当时的侵华日军抢劫一空，奉为至宝。1959年，由日本方面提供器型，并点名要求侯相会先生，帮助烧制一批油滴器具。为完成日本的订单要求，年高69岁的侯相会，被抽调到当时的淄博美陶。1962年，这批油滴茶器，正式通过青岛海关出口日本，第一次的出口数量为2000件。订单完成以后，侯先生于77岁正式退休，这在当时属于特例。随着1976年侯相会的去世，这批柴窑烧、手拉坯、天然矿料的油滴盏及其烧造技术宣告失传。

油滴盏的釉面，似漂浮在水面上的油滴，星光闪烁。盏盛白水闪烁银光，如遇不同色系的茶汤，反射茶汤的颜色之后，会闪出不同的金光、黄光、紫光等，五彩瑰丽，贵气十足。油滴茶盏如用

茶汤滋养一段时间之后，自然光照下的釉面，如迷幻彩虹，可谓千江有水千江月，万种茶汤万重色。故在宋代，油滴盏又称为"金汁玉液碗"。

油滴盏，低调奢华，如衣锦夜行。逢茶遇水，方显金玉其质。握一盏在手，茶汤深处，照见浩瀚星空灿烂。我常用油滴盏与当代的茶杯，同时品饮同一种茶，油滴盏的茶汤，水偏细滑，苦涩度低，香气稍高。

油滴盏玉液金质，万变炫丽，尽在一个耐玩。这批如墨玉般的盏，因是剩余的库存，基本都有点缺陷，要么器壁有棕眼，要么器形有点椭圆。但凡老物存世，都有因缘，十老九残，不残不会与我辈见面。喝茶惜缘，容忍器物的缺陷，是茶外的修行功夫。我不追求圆满，圆满的早已涅槃。观世间诸物，向之所欣。俯仰之间，已为陈迹。我辈所能，唯摩之、赏之、敬之、宝之。

小寒

小寒夜静闲谈时
又照霏霏满碗花
老熟散喝脚丫暖
故纸犹香旧春色

小寒夜静闲谈时

小寒大寒，冷成冰团。小寒夜，与云南百濮子、上海的铁杆兄灯下吃茶。爱普靠谱的老友相见，喝茶自然是以普洱茶为主。品濮子兄带来了倚邦古树，倚邦的干茶，色泽浅黑微黄，芽叶较小，条索短细。瀹泡汤色金黄，入口清甜，苦涩味轻，口感饱满，香气高扬，喉韵深长。我在苏州讲课，带学生喝过典型的倚邦小叶种"猫耳朵"，香幽若兰，高香顺口，清甜无涩，瞬间可以征服刚刚习茶的朋友。

普洱茶，是云南大叶种的晒青毛茶。按照现代普洱茶的定义，倚邦小叶种茶，是否属于普洱茶，很多人于此是困惑的。吃茶间，濮子兄解惑地说："历史悠久的倚邦小叶种茶，应该是云南大叶种茶树变异的品种，才能符合倚邦茶质厚重、茶气充盈的类大叶种特点。"我认可濮子兄的见解，他常年行走云南的茶山，对茶山的一草一木、历史沿革，是十分熟悉的。茶树在地理环境的变迁和人类活动的影响下，从大叶种演化为中小叶种，是十分正常的，但是，茶树的进化性状不可逆转，即不能由小叶种向大叶种进化。我在攸乐、景迈等很多古茶山，都看到过数量不等的中小叶种古茶树的存在。

如果返回头来看看历史，假如没有倚邦等高香清甜的中小叶种存在，普洱茶在清代能否成为贡茶，是需要打个问号的？乾隆进士檀萃在《滇海虞衡志》记载："普茶名重于天下，出普洱所属六茶山，一曰攸乐、二曰革登、三曰倚邦、四曰莽枝、五曰蛮砖、六曰曼撒，周八百里。"六大茶山中，除曼撒属易武土司管辖外，其余五山均归倚邦土司管辖。倚邦古茶山位居勐腊县象明乡东部，北接景洪市勐旺乡，南连曼砖茶山，西接革登茶山，是滇藏茶马古道源头的中心枢纽。

倚邦茶以曼松的茶味最好，故有"吃曼松看倚邦"之说。明代成化年间，当地官员遍寻"六大茶山"后，发现曼松茶色香味俱全，口感与汤色居六山之首，而且具备"受水冲泡、站立不倒"的特点，便快马送到朝中。明宪宗皇帝品过此茶后赞不绝口，当即决定将曼松茶作为朝廷贡茶，并赋予它"象征大明江山永不倒"的政治意义。

清朝，是曼松茶真正步入鼎盛辉煌的贡茶时代。当曼松正式列为皇家贡茶园后，便规定在贡茶采办期间，所有商人不得入山。前年的春天，我在勐海问茶，与古农的岩文兄，在曼弄村的竹楼上品过一泡曼松茶，那种饮之太和、犹之惠风的香甜至今难忘。曼松茶成熟叶片的叶脉有八对，是标准的中叶种。茶汤细腻柔滑，清冽鲜爽；香气为花果蜜香，变幻极富层次感。五水之内，圆润饱满的冰糖甜香，如含苞的花瓣，逐渐次第绽放。即便是数十泡之后的尾水，曼松茶纤秾之后的冲淡之美，那种清雅高贵的皇家

气韵，也会让我喝得腹背暖暖。曼松茶的茶气硬朗，饮后的暖感强烈，这个特点是其他新茶少见的。后来我才知道，在曼松老寨里，树龄超过百年的大树不足七十株，那一年春茶的产量只有十公斤左右。

倚邦啜尽，再撬出7克易武落水洞的古茶冲泡。易武落水洞是典型的大叶种茶，与倚邦同属于清甜高扬、汤水柔和、苦涩适中的温柔佳人。期间，谈到当下大树茶的制作，做茶最终拼的还是资源，要注重对源头核心区域的把控，以及毛茶初制的严格把关。否则，满池塘的蝌蚪，立秋之后，不知道究竟能有几只成长为青蛙？

喝健康的茶，更要学会健康喝茶。小泥炉上的银壶，茶烟水汽缭绕，提前煮着湖南安化的老千两茶。落水洞的新茶偏于寒凉，不

静清和的野生千两茶基地

宜多喝。饮尽这盏香甜柔滑的千两茶汤，寒夜里送走朋友，口齿
噙香，身心温暖。

又照霏霏满碗花

煎茶盛于唐代，点茶、分茶流行于两宋。煎茶，是待水三沸后，将茶末倒入釜中再次煮沸，舀出品饮。点茶，是先把茶末投至碗中，注入少量沸水调成糊状，再注入沸水。或者直接向碗内注入沸水，用茶筅搅动击拂，形成粥面。又因击拂之法不同，使其汤面形成变幻无穷的物象者，即为分茶。简单地说，煎茶与点茶之别，是先煎水还是先投茶末。

北宋陶榖《荈茗录》记载："茶至唐始盛，近世有下汤运匕，别施妙诀，使汤纹水脉成物象者。禽兽虫鱼花草之属，纤巧如画，但须臾即就散灭。此茶之变也，时人谓茶百戏。"陶榖所述的茶百戏便是分茶，盏面上的汤纹水脉会幻变出种种图样，若山水云雾，花鸟虫鱼，恰如一幅幅水墨图画，故又称"水丹青"。可见，煎茶与点茶皆属于烹茶的范畴，分茶是从属于点茶的技巧与艺术。

煎茶和点茶，从程序上看，要比我们当下喝茶复杂得多，但是，茶的滋味、香气、韵味表达，不见得比今天的工夫茶泡法更好。

东坡的朋友季常，写有"茗瓯对客乳花浓"，梅尧臣也有"春瓯茗花乱"，诗中的"乳花"、"茗花"，都是指击打的茶沫。点茶通过击拂产生了很多泡沫，茶汤可能会偏于柔和轻软。如果泡沫再打得厚实些，即陈季常的"乳花浓"，就类似于咖啡的拉花，便很容易呈现图案幻象了，这就是分茶。

"分茶何似煎茶好，煎茶不似分茶巧。"唐宋烹茶，尤重盏面乳花的视觉之美。陆羽《茶经》里描写煎茶："如枣花漂漂然于环池之上，又如回潭曲渚青萍之始生，又如晴天爽朗有浮云鳞然。其沫者如绿钱浮于水湄，又如菊英堕于樽俎之中。"宋徽宗《大观茶论》记述点茶："如酵蘖之起面，疏星皎月，灿然而生。"欧阳修有"拭目向空看乳花"，元代谢可宗有"香凝翠发云生脚"，吴文英有"玉纤分处露花香"，等等。从唐至宋，茶不仅能涤除昏寐、解渴生津、散郁清心、祛病怡神、行道雅志，而且更重要的是，茶始终作为一种高雅艺术、生活美学的载体而薪火相传，滋养着一代代散淡空灵的文人雅士。

当今的饮茶方式，无论怎样比喻和美化，尚处于"柴米油盐酱醋茶"的生活茶中。即使伴以参禅悟道，对茶的色香味形的物质属性，并没有太大的突破。古人的"琴棋书画诗酒茶"，属于形而上的精神层面。其中的酒，并非是饮酒，而是指酒令、诗筹。茶非饮茶，是指点茶、分茶。这些，从宋人充满艺术性的四般闲事，即焚香、斗茶、挂画、插花中可见端倪。

湖州博物馆刻有"茶"字的四系罐

古人点茶斗茶，除了茶品、水质、火候外，更注重煎煮、冲点、分茶的综合技巧与艺术美感。茶色尚白，以茶喻人，励志清白。瓯盏贵黑，衬托茶色之白，用以准确展现黑白变化的丰富层次。朴素的黑白色彩，如同宣纸和陈墨，通过斗茶，显现出一种阴阳相生、虚实相映的抽象艺术，以及其妙不可言的素雅审美情趣。因此，作为农产品的茶，如果远离了文人雅士，远离了艺术和审美，茶就是一杯缺乏思想的日常饮品。即便是"清风已生腋，芳味犹在舌"，也还是处于形而下的物质层面。

对唐宋精致的煎茶与点茶，我们可以致以敬意，但不能过于神化。现代制茶工艺的发展，许多茶类已不适合煮饮和点茶。没有人格高尚的文人雅士参与，点茶和分茶也不过是市井的小把戏而已。只要茶汤的颗粒细腻度与浓度足够，就可在短时间之内，掌握点茶的全部技巧。但是，盏面呈现的汤纹水脉，文字图像的勾勒和意境的营造，是需要很深的艺术造诣的。因此分茶在宋代，只是文人墨客的生活消遣，他们在休闲玩耍中，发掘了茶汤另一层面的美。

老熟散喝脚丫暖

案头清供的石榴，风干后棱角分明了许多，红颜不改。娇黄的佛手，有些萎缩褐黄，却清香依旧。如此天然的瑞气宝象，再焚沉就有点多余了。

节物相关，天寒物衰，一庭霜叶一窗风。茶室温暖，我与郑兄品竹窠的肉桂，辛香温通。瀹慧苑坑的水仙，清凉过喉。第三道茶，是八十年代的老熟散。干茶条索肥硕，略显金毫。紫砂壶瀹泡，汤色酒红通透，入口糯香浓郁，参香略显，滑爽稍欠，应该是昆明仓储。三水后，茶气上冲百会，下通涌泉，五泡通体微汗，因茶无名，郑兄笑言叫"脚丫暖"吧！

一款茶有无明显的愉悦感和体感，可作为鉴别茶之优劣的标准之一。茶气有质无形，茶气的感知，是随着血液的运行布散实现的，其实是茶汤浓度的扩散快慢使然。苦涩浓强，属于茶的滋味，与茶气无关；头晕乏力，有可能是血糖降低或低钠血症，更非茶气，有此征兆，应立即停止饮茶。经年储存良好的老茶或生态绝佳的好茶，内质丰富，表现为茶汤的细滑稠厚。茶汤内含的小分子物质含量高，相应地造成茶汤向体液、血液扩散的速度加快。当这些小分子物质扩散到体液、血液后，随之就把茶汤的热量带进体内，入血的小分子物质浓度越高，就表现为背部的体感、热感越强烈。反之亦然。后背的体感明显，是因为人体的后背属阳，大阳经如膀胱经、督脉等，首先要全部通过后背。当然，老茶的茶气，也体现在发生裂变后的小分子有机物增加，比较容易渗透和吸收有关。

唐代卢仝的七碗茶诗中，有"四碗发轻汗，五碗肌骨清"。茶汤入腹，补充水分，气血调和，阴阳平衡。五脏各有其华，心，其华在面。有效调节了身心健康，尤其改善了面部的血液微循环，茶喝久了，焉能不媚颜如花？茶氨酸可颐养静气，静能祛燥，静

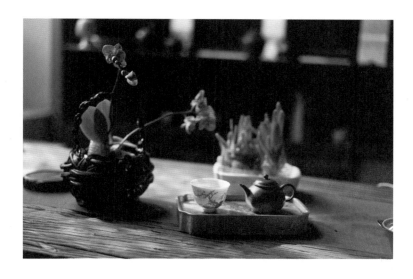

可生慧，使人温润如玉。同时摄入的茶多酚的抗衰老、防辐射、抗氧化等，也是青春常在的主要原因。

对上文谈到的昆明仓储，个人认为：昆明藏茶干燥，茶质转化得虽慢，但却保持了茶品的真味正香。南方藏茶湿度高，茶转化得快，有助于茶品滑厚度地提升，但对香气的损减较大。环肥燕瘦，各有所好。只要茶不霉变，余下的都是见仁见智，量体裁衣，看你内心需要什么？

执壶之手，与茶偕老，是茶中有滋味、有追忆的境界。茶人俱老时，茶汤安静柔和，少了纷杂的烟火味道。犹记当年春衫薄。在茶里互参共省，融进了儒家仁正的气息，便有了"吾日三省吾身"的觉悟。茶者，查己也。于茶中返观内照，清气勃发时，靠近了道。待茶汤稀释了贪嗔痴，滋养出颐和之气，茶里就多了禅意。茶与佛，茶禅一味。茶与道，茶道同根。茶与儒，颐养淡和。千载儒释道，万古山水茶。以茶可行道，以茶可雅志。毕竟中国优秀的传统文化是互参共通的。

故纸犹香旧春色

盏中茶温。清早闲翻祖上留下的中医古籍，墨痕淡开，故纸犹香。泛黄的古旧线装书籍，横轻竖重，不费目力。不惟是典雅精致的书卷气令我着迷，执卷在手的那种柔软与温暖，如温香软玉，更叫人心生怜惜。独持旧卷，相与尽年。没读过线装书，的确很难体会到读书的那份闲暇之趣与怡悦之情。尤其是古籍透出的那种淡淡的陈年味道，夹杂着一股幽凉沧桑的烟尘气息，多像一片老茶的味道啊！

阅览祖上曾经读过的那些宣纸旧书，心里沉甸甸的，看着天头地脚批注的一列列朱砂蝇头小楷，似曾相识，尤为暖心。其书法优劣姑且不论，单就读书随记的笔墨功夫，已足以令我汗颜。不动笔墨不读书的好习惯，于我已渐行渐远，诸事依赖电脑，常常提笔忘字，是以为恨。旧书细读犹多味，这份传承，这种鞭策，激我发奋却少恒心，故半生碌碌，心寄于茶。羡慕渊明先生"好读书，不求甚解；每有会意，便欣然忘食"，这才是读书的乐趣与享受。书读的是微言精义，何必要苦苦的"求甚解"呢？如是之，便会像郑板桥所言："今人有学而无问，虽读书万卷，只是

一条钝汉尔。"

我无法想象祖上的音容笑貌，更无法揣测他们是如何读这些书的？只是手触目阅，已倍感亲切。想必他们也如我，每读书，必沐手，才保持了旧书的风致与沉静之美。至此，我不敢求"绿衣捧砚催题卷，红袖添香伴读书"，如能焚香端坐，松桂清荫静读，有茶一盏，一生足矣！

午后，有友来访，共品马头岩肉桂（简称马肉）与水帘洞肉桂（简称水肉）。二者的干茶、汤香，均有淡淡的乳香气息，香韵均能过喉。坐杯久泡，不苦不涩，说明焙火到位。马肉气足水厚，芳香辛锐，花香、果香具足，杯底留香馥郁持久。水肉幽微清甜，泛着细腻的水蜜桃气息，时而有花香、果香在汤中和杯底往复呈现，清凉耐泡。

肉桂虽然以典型的辛锐桂皮香气，作为该品种的重要香气特征。但是，由于正岩茶区地处幽谷深壑，空气湿润，植被良好，云雾易聚难散，光照直射时间短，因此，正岩茶很少表现出浓烈的桂皮特征香气。越是好的山场，其辛窜的桂皮气息，就会越弱乃至若有若无。相对于外山茶，正岩肉桂的香气持久细腻，幽而不烈，芬芳醇和的花果香气，持久地隐现于杯底与尾水之中。在这两款肉桂中，马肉霸气香高，与马头岩地区的地域开阔、光照充足、小溪和树木较少等环境因素有关。水肉甘甜幽雅，是因为水帘洞区域常年水流潺潺，山高沟深，生态更佳所致。

两款岩茶火气未退，饮下有些燥喉。送走朋友，我杯泡早春的峨眉竹叶青，翠绿的芽笋颗颗玉立，悠悠的栗香悦鼻，此情此景，让我想起了杜甫的《江畔独步寻花》诗句："繁枝容易纷纷落，嫩蕊商量细细开。"如果说"繁枝容易纷纷落"，是冬日窗外的风景萧索，那么，"嫩蕊商量细细开"，不就是当下杯中的绿影婆娑吗？望着室内清供的枯萎棠棣及其杯中快要喝乏的绿茶，我若有所思：花是昔日花，茶是春日茶，然而，都已是繁华过往的旧时春色。

天寒

昆虫于茶有造化
插枝梅花便过年
破五开年说泡茶
唯水知道茶滋味

昆虫于茶有造化

北方的冬天，暖气营造的窗外寒冷、室内燥热的小环境，有时让人口干舌燥，内火蕴积。择机喝一泡绿茶、白茶或龙珠茶，可养阴清热，清凉愉悦。龙珠茶，清凉生津，滋味稠厚，不苦寒伤胃而有健胃消食之功，尤适于冬日上火、不太运动、消化不好的我。

龙珠茶是虫屎茶的美称，简称虫茶。虫屎茶，名虽不雅，却是有着清雅香气、回甘极好、饮之清凉的好茶。如同兼有杏仁香和柚花香清幽的乌叶单丛，也因大俗实雅的"鸭屎香"名字而声名鹊起。

虫茶又叫"茶精"，主产于湖南、四川、贵州的山区。当地人在谷雨前后，把野藤、茶叶和换香树等枝叶堆放在一起，招引小黑虫吃完枝叶，留下来的比黑芝麻还小的粒状虫屎，经过筛分后，再把它按比例加上茶叶和蜂蜜，在锅里炒干炮制而成。最厚重高香的虫茶，当属在霜降阶段、广西野生六堡茶中所产的虫屎。

凤凰单丛

虫茶药用价值较高，陈年的更是珍贵难得。冲泡时，可用100ml上下的盖碗，量茶一克左右，沸水冲泡，随进随出。新的虫茶，汤色乌深，呈古铜色，气息清郁甘醇，无任何异味，颇似高等级的绿茶，但比绿茶要醇厚耐泡。

今年春天，我与丰年兄在潮州的天羽茶斋，榄炭煎水，银器瀹泡，品过叶汉钟珍藏的"茶丹"，味美质厚难得。其汤色，陈化的如红酒般的养眼透亮，饮毕齿颊甘甜清凉。汉钟兄的老"茶丹"，颇有来历。那是遗忘在仓库中的六十年代凤凰单丛，等发现时，原本九十多斤的干茶，只余三十斤虫屎及茶梗碎屑。难怪叶兄的老"茶丹"里，有着单丛放荡不羁的清扬高香。

茶丹

虫屎茶，是以虫为鼎，把昆虫吃进的茶叶和体液，在体内融会贯通，进行了腐熟造化，如道家自然练出的金丹，通玄妙，得幽微。"金丹"里既含有茶叶的主要成分，又有一定量的粗蛋白、粗脂肪和人体所需的微量元素。因此，虫茶的营养和药效远高于普通茶叶。据记载，台湾南投卷叶虫产生的虫茶，外销英国和日本，价同黄金。李时珍的《本草纲目》认为：虫茶具有清热、去暑、解毒、健胃、助消化等功效，对腹泻、鼻衄、牙龈出血等有较好的疗效。清代从乾隆年间开始，虫茶被视为珍品，每年定期向朝廷进贡。光绪年间的《城步乡土志》记载："亦有茶虽粗恶，置之旧笼一、二年或数年，茶悉化为虫，故名之虫茶，茶收贮经久，大能消痰顺气。"

虫有害于茶，却也成就了茶。如台湾的东方美人，因了成群的小绿蚁，吮吸着涎了茶的嫩叶，便以虫灾造就了茶的迷人香韵。我行走茶山数年也发现：凡被昆虫最早叮食过的茶树，一定是这个区域里最清甜的。这样的茶青，做成绿茶，鲜爽味甘；做青制成乌龙茶，香清甘活；发酵做成红茶，花蜜香浓。造化可能有深意，茶因虫的参与而生妙香，是虫茶合力、天人合一的一段快意趣事。

插枝梅花便过年

小时候家里穷，所以，我经常期盼着过年。只有过年，才有新衣服穿，有鞭炮放，有大块的肉朵颐。购买年货时，父母会专门买一些品质较好的茉莉花茶，招待春节后来往的亲戚。也只有过年，才有机会蹭点好茶解馋。

长大后，收藏了数不清的精美茶器，储存了几十年也喝不完的好茶，却不再喜欢过年。秋月春风等闲度。我不期待的年，却总是陡然间到了眼前。

一岁年龄一岁心，岁月匆匆不由人。对中年的我而言，年是人情的关口，是莫名的乡愁。世味年来薄似纱，尤其是年关的熙熙攘攘，你来我往，令人身心俱疲。

有钱无钱，回家过年。近乡情怯，也只有喝茶息心。细品茶中的甜，味中的淡，不能不想临近的年。年，在较为传统的我的心里，已不是个简单的节日，它甚至超越了节日的全部意义，是镌刻到骨髓里多元的无法消减的记忆。这一天，当噼里啪啦的鞭炮声响起，无论是远在天涯，近在咫尺；无论是锦衣豪袭，流浪沦

落；无论回乡的路途，有多么的艰难，都要奔家，都要过年。

去年的除夕，我和家人谈到了什么是幸福？国人眼里的幸福，大多是以美满为前提的。没有了美满，哪来的幸福？过年了，年迈的父母念叨，别离的夫妻期盼，留守的孩子翘首。当年夜饭围坐的饭桌上，缺少任何一个人的时候，父母、妻子那种五味杂陈的感伤与失落，是其他任何时候都不曾有过、更难以弥补的。此时此刻，父母、妻子望不见你的那一滴清泪，足以泯灭一个人远在天涯所拥有的成就感觉。这或许就是年，对于每个国人所具有的最朴素、最深刻的意义。

回家过年吧！无论此刻您在哪里。过年了，给辛苦一年的父母，泡一壶经年的老茶，茶里藏着光阴的故事。琉璃盏，琥珀浓，小壶茶滴珊瑚红。陈年的老茶温和，珊瑚红的汤色喜庆，琥珀一样浓酽的茶汤里，含着茶寿的祝福。金岳霖先生在88岁寿辰时，同庚好友冯友兰为其撰写的寿联中，就有"何止于米，相期于茶"的祝愿。因为米寿是88岁，而茶寿则是108岁。这足以说明，喝茶比单纯吃米寿命会延长20年。

梅破知春近。每逢过年，阳台上那株绿萼梅，都会如期盛开，吐散着寒香幽芬。郑板桥有诗："寒家岁末无多事，插枝梅花便过年。"年到了，梅开五福，五福临门。与家人暖意融融地饮一壶茶时，最好能再插枝梅花。也可把含苞的梅花一朵，丢入到盖碗或茶杯里，清赏茶汤里梅花的旋即开放，暗香浮动。其实，只要安于当下，内心丰盈，不插梅花也过年。

破五开年说泡茶

农历的正月初五，在老家又叫"破五"。大年初一到初四，老人不允许干其他杂活，甚至不允许打扫卫生。等破五的黎明鞭炮放完后，禁令自动解除，就允许室外工作、外倒垃圾，店铺开业了。

破五开年，辞旧迎新。管窥之见，粗略分享一些泡茶经验。我国是产茶的大国，据不完全统计，仅名优茶就多达千种，其中获得省级以上名优称号的，就有四百多种。不同的茶，外观形状、茶青老嫩、杀青轻重、发酵程度、焙火温度等各有不同，因此，影响泡茶的投茶方式、泡茶水温、注水法则、出汤时间等要素，应有的放矢，有所区别。

现在的泡茶方式，属于瀹泡法，又叫撮泡法。明代陈师的《茶考》记载："杭俗烹茶，用细茗置茶瓯，以沸汤点之，名为撮泡。"撮泡法起源于唐代散茶的泡饮，历经宋代，直到朱元璋废团改散之后，从明代开始流行。

泡茶的"泡"字非常形象，看字形就能明白，泡茶就是"以水包

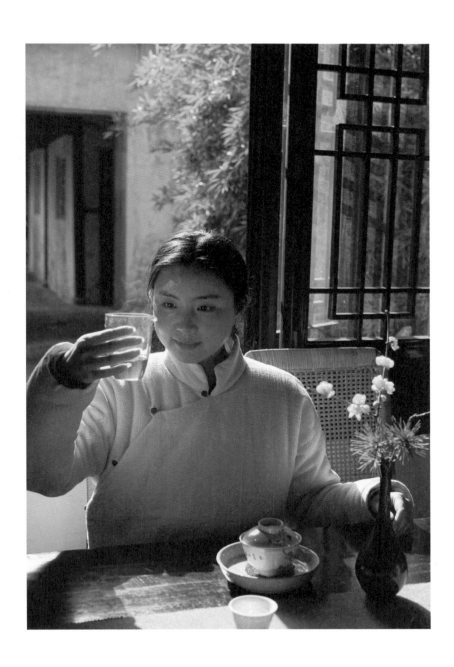

茶"。泡茶时，应注水缓缓，不要让水流把茶叶冲击的人仰马翻。要让热水包裹着茶，慢慢地把茶浮起来。一款冲泡比较到位的茶，单看叶底的表现，就可知微见著。如果仔细观察，就会发现：叶底的叶张蓬松，层层叠叠地有序交错着；叶张活力十足且有弹性；通过叶底的痕迹，甚至能够判断出注水方向。

对于大部分茶类，尽量选择较高的水温泡茶。茶的香气物质，属于高沸点、挥发性的有机物。泡茶温度的选择，应至少高于该茶的杀青温度、干燥温度、焙火温度。水温不高，茶香难发。水温若是过低，不仅很难激发出茶的香气，而且会因茶内质溶解度的降低，造成茶汤的寡淡无味。很多夏秋茶的冲泡，选择较低水温，本质上就是为了降低苦涩物质的溶出速度。对市场上低温杀青的绿茶，水温可以略低一些，否则，容易暴露出茶内不该存在的青气与苦涩。水温是茶质优劣的试金石。较高的水温，既可使高品质的春茶如虎添翼，又可使工艺不佳的茶类原形毕露。好茶不怕开水烫，但惧水蒸气的闷杀。因此，在泡茶时，应特别养成出汤前后及时开盖、逸散水汽的良好习惯。如同居家炒菜，闷炒的菜不会鲜脆美味。

一款茶青与工艺上佳的茶，无论谁来冲泡，对茶的真香雅韵，都不会有太大的影响。用心泡茶，可使好茶锦上添花。但是，过分注重技巧才能泡好的茶，一般不是山场的茶青有问题，就是制作工艺上存在一些缺憾。泡茶并不神秘，滋味好不好喝，是茶汤的浓度把握问题；香气的表达是否准确，则是温度问题。如此而已。

唯水知道茶滋味

唐代张又新在《煎茶水记》中说："夫烹茶于所产处，无不佳也，盖水土之宜。离其处，水功其半。然善烹洁器，全其功也。"此论甚妙。由于产茶本地的水，与茶青中含有的75%左右的水分相似而相溶，因此，用原产地的水冲泡原产地的茶，才会最大程度地表达出其香气、滋味、厚滑、气韵等。明代许次纾的《茶疏》说："精茗蕴香，借水而发，无水不可论茶也。"茶的香气与滋味，是靠与它相融的水来阐发的，没有适合并准确表达它的水，又怎么可以论茶呢？既使去高谈阔论，也不过是不尽准确的敷衍。水为茶之母，器为茶之父。不懂水，焉知茶？

明末张大复《梅花草堂笔记》认为："茶性必发于水，八分之茶，遇十分之水，茶亦十分矣；八分之水，试十分之茶，茶只八分耳。"精于茶道的张大复，虽是个盲人，却深知茶性必发于水的奥妙。因此，要想把茶泡好，水的选择正确与否，至关重要。

《红楼梦》中的妙玉，用旧年蠲的雨水泡老君眉，用梅花上收的雪水瀹体己茶，尽在一个水"软"。嗜茶的乾隆皇帝，在夏秋之

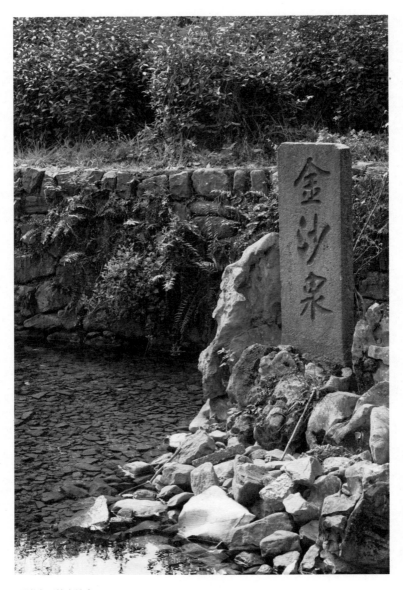

顾渚山下的金沙泉

际，收集荷叶上的露水烹茶；并特制银斗，以此来衡量各地泉水的比重，最终认定京西玉泉为水质第一，旨在一个水"轻"。他在《荷露烹茶》一诗的小序中，颇有智慧地指出："水以轻为贵，常制银斗较之。玉泉水斗重一两，惟塞外伊逊河水尚相埒。济南珍珠，扬子中冷，皆轻重二三厘，惠山、虎跑、平山则更重，轻于玉泉者，惟雪水及荷露云。"宋代蔡襄《茶录》中说："水泉不甘，能损茶味。"上述关于泡茶用水的"软"、"轻"、"甘"，其本质都在表达水质的纯净程度。水质越清纯，其所含的杂质、硬度、离子浓度等对茶的滋味、香气、汤色，就会干扰越少；茶的内含物质在水中的溶解度，则会越高，体现在茶汤方面，就是甘厚软滑。如果在泡茶时，对某地的水没有多少把握，纯净水就是一个最佳选择，至于其他水质是否更优，可把纯净水作为一个可靠的衡量标准。对于泡茶用水的具体论述，限于篇幅，不再赘述，详见拙作《茶席窥美》和《茶与健康》。

茶器对茶汤的影响，是通过胎与釉中所含的 Fe_3O_4 的弱磁性，改变着水分子团的结构。水分子团的结构越小，茶汤就会表现得越濡软细滑，这点类似于焙火程度对茶汤通透度的影响。我常用老油滴盏、老青花杯、老龙泉青瓷杯，来试茶品茶，尤其是柴窑器具，对茶汤的影响比较明显。

我们在煎水、瀹茶、品茶时，每个人的情绪和心智有别，情绪状态又直接影响着人的感觉、嗅觉、味觉的敏感程度，因此，不同的人，在不同的环境中，在不同状态下，对于每一款茶的香气变化、回甘强弱、细腻程度、厚滑感觉、苦涩滋味、耐泡程度等，均会存在细微的认知误差。这即是我们常说的的一茶一世界，一味一人生。先有分别心，自呈茶百态。春江暖，鸭先知。茶滋味，水知道。